Helmut Hutten

Biomedizinische Technik 1991

Betrachtungen zur Situation
eines multidisziplinären Fachgebietes

Im Auftrag der Deutschen Gesellschaft
für Biomedizinische Technik e.V.

Springer-Verlag Berlin Heidelberg GmbH

o. Univ.-Prof. Dr.-Ing. Helmut Hutten
Institut für Elektro- und Biomedizinische Technik
Inffeldgasse 18
Technische Universität Graz
A-8010 Graz

ISBN 978-3-540-54419-7   ISBN 978-3-662-06110-7 (eBook)
DOI 10.1007/978-3-662-06110-7

Satz: Reproduktionsfertige Vorlage vom Autor
Offsetdruck: Color-Druck Dorfi GmbH, Berlin; Bindearbeiten: B. Helm, Berlin
60/3020 543210 – Gedruckt auf säurefreiem Papier

VORWORT

Im Jahre 1969 wurde von Herrn Prof. Dr. G. Klasmeier mit Unterstützung
der Stiftung Volkswagenwerk eine erste Untersuchung über den Stand der
Biomedizinischen Technik in Deutschland erarbeitet und veröffentlicht.
Diese Studie und die darin enthaltenen Empfehlungen gaben seinerzeit
wesentliche Impulse zur Neugründung von Instituten bzw. Schwerpunkten
für Biomedizinische Technik an mehreren deutschen Universitäten und
Hochschulen. In der Zwischenzeit hat sich das Fachgebiet der Biomedizinischen Technik in Deutschland ebenso wie im Ausland kontinuierlich
entwickelt. In allen ärztlichen Bereichen sowie im Gesundheitswesen, aber
auch in der Industrie hat das Gebiet seinen selbstverständlichen Platz gefunden.

Im Vergleich zu vielen europäischen Nachbarländern, vor allem zu den
Vereinigten Staaten und zu Kanada, stagniert die Förderung der Biomedizinischen Technik und der Ausbau von Instituten bzw. Schwerpunkten an
den Universitäten aber seit mehreren Jahren. Junge, an dem Gebiet interessierte Wissenschaftler können in der Regel nur kurzfristig über Drittmit-
telprojekte oder im Rahmen von Promotionsarbeiten beschäftigt werden.
Es fehlt an der notwendigen langfristigen Förderung, die eine erfolgreiche
Beschäftigung mit wissenschaftlichen Grundlagenfragen erlauben würde.

Es ist das Verdienst von Herrn Prof. Dr.-Ing. H. Hutten, die Situation der
Biomedizinischen Technik im Jahre 1991 zusammengefaßt zu haben. Er
hat in einer außerordentlich fleißigen, von großer Detailkenntnis und tie-
fem Sachverstand getragenen Arbeit den Stand und die Problematik des
Fachgebietes in Deutschland analysiert und beschrieben. Auch die Situation der Biomedizinischen Technik im Kontakt zur Industrie sowie im internationalen Vergleich wurde sachkundig und mit vielen Fakten
untermauert dargestellt.

Diese Analyse soll den verschiedenen Ministerien des Bundes und der
Länder, der Deutschen Forschungsgemeinschaft, der Max-Planck-Gesellschaft, den Universitäten und Hochschulen sowie der Industrie als Arbeitsunterlage und als Entscheidungshilfe dienen. Die Förderung der
Biomedizinischen Technik sollte stärker als bisher ein wesentliches Anlie-
gen des Bundes und der Länder als Träger der Hochschuleinrichtungen
sein. Von ihr gehen ganz wesentliche sowohl basiswissenschaftliche als
auch klinisch-praktische Impulse für die gesamte medizinische Wissenschaft, die direkte Krankenversorgung, das Gesundheitswesen und für die
Biowissenschaften aus.

Besonders im Hinblick auf die neuen Bundesländer und die in diesen Gebieten notwendigen Investitionen auf dem universitären Gebiet ist eine derart detaillierte Analyse ganz besonders wichtig.

Die Studie erscheint zum 30-jährigen Jubiläum des Bestehens der Deutschen Gesellschaft für Biomedizinische Technik. Dadurch bekommt sie ihre ganz besondere Bedeutung und einen herausgehobenen Stellenwert.

Ich wünsche der Studie "Biomedizinische Technik 1991" von Herrn Prof. Dr.-Ing. Hutten eine weite Verbreitung und vor allem eine hohe Akzeptanz bei den Ministerien und den Förderungseinrichtungen.

Mainz im Juni 1991

Prof. Dr.med. Jürgen MEYER
Vorsitzender der Deutschen Gesellschaft für
Biomedizinische Technik

Inhaltsverzeichnis

1. EINLEITUNG

Die Biomedizinische Technik ist ein verhältnismäßig junges Fachgebiet. Wesentliche Impulse für seine Entwicklung und die Einrichtung fachgebietsbezogener Institute und Lehrstühle gingen von einer mit Mitteln der VW-Stiftung geförderten Untersuchung aus, deren Ergebnisse 1969 veröffentlicht wurden (KLASMEIER, G.: Biomedizinische Technik. Vandenhoeck & Ruprecht, Göttingen 1969).

In den letzten Jahren verdichtete sich der Eindruck, daß die Entwicklung des Fachgebietes nach dem vorübergehenden Aufschwung deutlich an Dynamik verloren hat. Dafür sprachen wichtige Indikatoren wie z.B. die Institutionalisierung des Fachgebietes im Bereich der Hochschulen, die Anerkennung des Fachgebietes innerhalb des Spektrums der Wissenschaftsdisziplinen, die Vertretung und Mitwirkung des Fachgebietes in nationalen und internationalen Einrichtungen. Es mußte befürchtet werden, daß der als Folge der KLASMEIER-Studie erreichte Anschluß an die internationale Entwicklung auf dem Fachgebiet wieder verloren geht.

Daher beschloß die Mitgliederversammlung der Deutschen Gesellschaft für Biomedizinische Technik e.V. 1987 auf ihrer Tagung in Karlsruhe, in einer Art Fortschreibung der KLASMEIER-Studie den gegenwärtigen Stand des Fachgebietes zu untersuchen, die für die Entwicklung des Fachgebietes wesentlichen Faktoren zu analysieren und Vorschläge für die Überwindung hemmender Faktoren zu unterbreiten. Die Mitgliederversammlung hatte damals einstimmig folgendem Antrag (Prof. Dr. Hutten) zugestimmt:

"Die Mitgliederversammlung möge beschließen, den Vorstand aufzufordern, möglichst bis zur nächsten Mitgliederversammlung eine gutachterliche Stellungnahme zur Situation des Fachgebietes "Biomedizinische Technik" in der Bundesrepublik Deutschland vorzulegen, die inhaltlich an die 1969 erschienene Studie "Biomedizinische Technik" von G. KLASMEIER anschließt und diese zur Gegenwart fortführt. Der Vorstand möge sich hierfür umgehend um eine finanzielle Förderung bemühen. Sofern eine ausreichende Unterstützung nicht zu erhalten ist, sollen die Kosten in angemessenem Rahmen aus dem Vereinsvermögen getragen werden. Die Stellungnahme soll so konzipiert sein, daß sie bei Behörden und anderen Einrichtungen (Bundes- und Länderministerien, DFG, Max- Planck-Gesellschaft, Universitäten und Hochschulen usw.) als Arbeitsunterlage und Entscheidungshilfe verwendet werden kann."

Aus Gründen, die hier nicht in Einzelheiten diskutiert werden können, war es nicht möglich, den zunächst vorgesehenen Terminplan einzuhalten. In diesem Jahr, das für die Biomedizinische Technik von besonderer Bedeutung ist, kann der Bericht vorgelegt werden. Die besondere Bedeutung dieses Jahres ergibt sich aus mehreren Gründen:

- Die Deutsche Gesellschaft für Biomedizinische Technik e.V. begeht 1991 ihr dreißigjähriges Jubiläum. Ein solches Jubiläum sollte Anlaß zum Rückblick, zur Analyse der Gegenwart und zum Ausblick in die Zukunft sein. Das Jubiläum ist daher der geeignete Zeitpunkt, einen solchen Bericht vorzulegen.

- Die Jahrestagung 1991 der Deutschen Gesellschaft für Biomedizinische Technik ist die erste gemeinsame Tagung mit Teilnehmern aus allen Bundesländern. Die Einheit Deutschlands ist mehr als eine, wenn auch noch so komplizierte, Regelung im politischen Raum. Sie muß bis in alle Teilbereiche hinein vollzogen werden. Dazu gehören auch die wissenschaftlichen Fachgebiete. Die deutsche Vereinigung hat viele der wissenschaftlichen Organisationen vor Probleme gestellt, die nur durch gemeinsame und große Anstrengungen überwunden werden können. Der hier vorgelegte Bericht versucht, auf die Situation im Fachgebiet einzugehen.

- Der deutschen Vereinigung folgt fast auf dem Fuß, wenn auch mit längerer Vorbereitung, mit dem Beginn des Jahres 1993 die volle Verwirklichung des gemeinsamen europäischen Marktes. Auch hieraus ergeben sich Probleme und Aufgaben für jene wissenschaftlichen Vereinigungen, die ein für die wirtschaftliche Zukunft der Bundesrepublik Deutschland wichtiges Fachgebiet vertreten. So gehört es mit zu den Aufgaben solcher wissenschaftlicher Vereinigungen, warnend darauf hinzuweisen, wenn unterschiedliche Voraussetzungen in den verschiedenen europäischen Ländern vorhanden sind, die für das jeweilige Fachgebiet erhebliche Übergangsschwierigkeiten befürchten lassen.

Wissenschaftliche Vereinigungen sollten heute in einer Zeit der Neudefinition nationaler Interessen und ihrer Einbettung in internationale Beziehungen Aufgaben wahrnehmen, die über die Vertretung des Fachgebietes und seiner Interessen im engeren Sinne weit hinausreichen. Von besonderer Bedeutung ist die Förderung der internationalen Zusammenarbeit und der wissenschaftlichen Kooperation über nationale Grenzen hinweg. In dieser Hinsicht erfüllen wissenschaftliche Vereinigungen eine Funktion, die jener des Sportes und der Kunst in vielfacher Weise entspricht, in diesen Bereichen jedoch zumeist mehr Anerkennung und Unterstützung findet.

Mit der Beschlußfassung von 1987 zur Durchführung einer solchen Untersuchung möchte die Deutsche Gesellschaft für Biomedizinische Technik e.V. ihre Überzeugung zum Ausdruck bringen, daß die angemessene Berücksichtigung dieses Fachgebietes im Spektrum aller Wissenschaftsdisziplinen eine Option für die Zukunft ist, auf die ein Land wie die Bundesrepublik Deutschland mit ihrer Abhängigkeit vom technologischen Fortschritt und ihrer Verpflichtung zur Gewährleistung eines hohes Standes der Gesundheitsversorgung nicht verzichten kann. Damit verbunden wird die Hoffnung auf die Verbesserung der Zukunftschancen für qualifizierte Nachwuchswissenschaftler auf diesem Fachgebiet. Mit der Beschlußfassung von 1987 wurden den in der Satzung der Deutschen Gesellschaft für Biomedizinische Technik e.V. festgelegten Aktivitäten und Zielsetzungen entsprochen.

Ein solcher Bericht spiegelt in vielfacher Weise die Ansichten, Erkenntnisse und Schlußfolgerungen des Berichterstatters wider. Alle Aussagen und möglichen Irrtümer fallen insofern in die ausschließliche Verantwortung des Verfassers. Die zum Teil sehr umfassenden Recherchen wurden mit der gebotenen Sorgfalt und Objektivität durchgeführt. Allen Kollegen und Einrichtungen, die an den Untersuchungen mitgewirkt haben, sei an dieser Stelle ausdrücklich gedankt.

2. DIE ENTWICKLUNG DER BIOMEDIZINISCHEN TECHNIK

Heute wird unter der Biomedizinischen Technik jenes multidisziplinäre Fachgebiet verstanden, in dem sich die verschiedenen Disziplinen der Medizin, der Ingenieur- und der Naturwissenschaften berühren. Unter dem Sammelbegriff "Technik" werden dabei die Ergebnisse der ingenieur- und naturwissenschaftlichen Leistung, z.B. die Bereitstellung von Instrumenten, Werkzeugen, Verfahren und zunehmend auch von methodischen Ansätzen zur Problemlösung, zusammengefaßt. "Technik", auch in der Verbindung mit der Medizin, ist in erster Linie ein Ergebnis der Bemühungen des Menschen, die Grenzen seiner natürlichen physischen Fähigkeiten durch die gezielte Anwendung und Ausnutzung von Naturgesetzen auszuweiten.

Vermutlich hat sich die Medizin von ihrem eigenen Anfang an der jeweils zur Verfügung stehenden technischen Hilfsmittel bedient. Bereits in grauer Vorzeit wurden Steinmesser zur Abszeßeröffnung verwendet. Insofern fällt es schwer, ein Datum für den Beginn der Biomedizinischen Technik anzugeben. Da die Biomedizinische Technik in vielfacher Weise ein Spiegelbild der technischen Entwicklung darstellt, können im wesentlichen drei Phasen unterschieden werden:

1. die Phase der Kraftverstärker oder Werkzeuge:

Diese früheste Phase technischer Entwicklung ist dadurch gekennzeichnet, daß Werkzeuge und Maschinen gebaut wurden, deren Zweck es war, mechanische Kräfte freizusetzen, die den körperlichen Kräften des Menschen immer deutlicher überlegen waren. Am Beginn stand die Ausnutzung einfacher mechanischer Gesetze, z. B. des Hebelgesetzes, während später die Energieumformung zur Ausführung mechanischer Tätigkeiten hinzukam.

Für die Biomedizinische Technik war diese Phase zunächst ohne große Bedeutung. Allerdings bahnt sich hier seit einigen Jahren ein gewisser Wandel an, einige Stichworte sind die Entwicklung von künstlichen Blutpumpen, Prothesen, Rollstühlen, Robotik und komplizierten Instrumenten zur minimalinvasiven Chirurgie.

2. die Phase der Sinnesverstärker oder Meßzeuge:

Aus heutiger Sicht begann diese Phase etwa mit der Erfindung des Mikroskopes. Wichtige Meilenschritte seit damals waren die Entwicklung des Elektronenmikroskopes, die Entdeckung der Radioaktivität und der Röntgenstrahlung mit der darauf aufbauenden Meßtechnik, Verfahren zum Nachweis elektromagnetischer Strahlung in verschiedenen Wellenlängenbereichen sowie Verfahren zum Nachweis von Substanzkonzentrationen (z.B. elektrochemische Verfahren mit der Umsetzung in ionensensitive Elektroden). Damit wurden nicht nur die Grenzen der Leistungsfähigkeit der menschlichen Sinnesorgane erheblich ausgeweitet, sondern sogar völlig neue Qualitäten erschlossen.

Die Auswirkungen auf die Entwicklung und Leistungsfähigkeit der modernen Medizin waren enorm. Erst mit der Mikroskopie wurde der Zugang zum Verständnis der Lebensvorgänge auf dem Niveau einzelner Zellen und der Bedeutung subzellulärer Strukturen eröffnet. Moderne, aus der heutigen Medizin nicht mehr wegzudenkende bildgebende Verfahren wie Röntgencomputertomographie, Kernspinresonanztomographie, Nuklearmedizin (PET, SPECT) und Ultraschalltechnik waren ebenso ein Ergebnis dieser Entwicklung wie die instrumentelle Laboranalytik und das Patientenmonitoring während der Operation und auf der Intensivstation. Trotz aller erreichten Fortschritte ist ein Ende dieser Entwicklung bisher noch nicht abzusehen. Besonders interessante Ansätze sind die Messung biomagnetischer Signale (z. B. mit SQUIDs), die Laboranalytik auf der Basis der Trockenchemie und der Biosensoren sowie die Aufklärung molekularer Strukturen. Es gibt Hinweise darauf, daß die Chromatographie, eine hochentwickelte und auch in der klinischen Analytik weitverbreitete Technologie, die ihre Anerkennung jedoch vor allem dem Fehlen ausreichend selektiv-sensitiver Sensoren für die zu untersuchenden Komponenten verdankt, in absehbarer Zeit durch die Entwicklung neuartiger Sensoren und komplexer Signalverarbeitungsverfahren an Bedeutung verlieren könne.

3. die Phase der Intelligenzverstärker oder Denkzeuge:

Der Eintritt in diese Phase erfolgte mit den ersten programmierbaren Rechnern, die noch überwiegend mit elektromechanischen Bauelementen aufgebaut waren. Einen entscheidenden Impuls vermittelte dann die Halbleitertechnologie, zunächst die Entwicklung des Transistors, dann von integrierten Schaltungen und schließlich der Mikroprozessortechnologie. Die Anwendung der Informationstechnologie reicht inzwischen von der Integration intelligenter Funktionen in viele Geräte bis zum Aufbau von Datenbanksystemen mit weltweiter Vernetzung. Neuere Entwicklungen zielen nicht nur auf die weitere Steigerung der Leistungsfähigkeit, sondern auch auf die Abkehr von dem klassischen Von-Neumann-Konzept der starren Programmierung und sequentiellen Programmabarbeitung. Derartige neue Konzeptvorstellungen finden sich bei den wissensbasierten Systemen und den neuronalen Netzwerken. Ein, allerdings noch fernes Ziel ist die Entwicklung von intelligenten Problemlösern, die ein ihnen vorgelegtes, nur formal beschriebenes Problem selbständig lösen können.

In der Medizin wurden die Möglichkeiten der Informationstechnologie sehr früh erkannt und ausgenutzt. Besonders wichtige Anwendungsgebiete waren zunächst die Signal- und Datenverarbeitung. Inzwischen sind fast alle Bereiche des Gesundheitswesens in die Entwicklung einbezogen. Das Krankenhaus wird in seiner organisatorischen Struktur mehr und mehr als informationsverarbeitender Betrieb gesehen, bei dem Schutz und Verfügbarkeit von Daten und Informationen bestimmende Gesichtspunkte sind. Auf dem Gebiet der wissensbasierten Systeme hatten Anwendungen in der Medizin lange Zeit eine Schrittmacherfunktion (z.B. MYCIN), bis eine Reihe von medizin-spezifischen Problemen zu einer Verlagerung der Entwicklung auf andere Anwendungsgebiete führte. Inzwischen wurde die Problemlösungsstrategie geändert, nachdem Machbarkeit und Nutzen von kleinen Systemen für abgrenzbare Problembereiche (z.B. zur Interpretation von Laborbefunden) nachgewiesen werden konnten. Damit kann vorausgesagt werden, daß die Entwicklung sog. Expertensysteme (d.h. entscheidungsunterstützender Systeme auf der Basis von Wissensverarbeitung) auch in der Medizin zukünftig eine erhebliche Bedeutung erlangen wird. Insgesamt ist die medizinische Informatik, die in wesentlichen Bereichen der Biomedizinischen Technik zugeordnet werden kann, bei einer zusammenfassenden Auswertung von Publikationen, Kongreßthemen usw. das Teilgebiet mit der stärksten Wachstumsdynamik.

Diese drei Phasen sind nur eine grob-schematische Beschreibung der Entwicklung der Technik. Es gibt viele technische Teilgebiete, die sich in dieses Schema nicht einordnen lassen. Manche dieser technischen Teilgebiete haben jedoch die Biomedizinische Technik wesentlich mitgestaltet. Solche Teilgebiete sind beispielsweise die Biomaterialien, die Laser in der Medizin, die funktionelle Stimulation (vom Herzschrittmacher über das "cochlear implant" bis zur gezielten und koordinierten Stimulation bestimmter Muskelgruppen) und die Anwendung von Stoßwellen zur Steinzertrümmerung.

Bemerkenswert erscheint im Zusammenhang mit der Entwicklung der BMT, daß sich die Anfänge der industriellen medizin-technischen Produktion selbst unter Ausklammerung der Mikroskope bis in das Jahr 1847 zurückverfolgen lassen (wobei die Firmen in Rechtsnachfolge bis heute existieren):

- "Schlitteninduktor", ein Reizstromgerät nach einem Entwurf von E. du Bois-Reymond und J.G. Halske, gefertigt zusammen mit W. von Siemens;

- Produkte der Fa. Erbe Elektromedizin.

Viele weitere Firmen, die auch heute noch medizin-technische Produkte herstellen, wurden bereits im vergangenen Jahrhundert gegründet (u.a. die Firmen AESCULAP, B. Braun-Melsungen, Carl Heyer, Carl Zeiss, DRÄGERWERK, HELLIGE). Die Entwicklung der Medizintechnik, aber insbesondere ihr Beitrag zur Steigerung der Leistungsfähigkeit im Gesundheitsbereich, sind also durch medizin-technische Firmen ganz wesentlich mitgestaltet worden. Die Firmen haben sich um diesen Bereich bemüht, bevor es zur Bildung von wissenschaftlichen Fachgesellschaften auf nationaler oder internationaler Ebene gekommen ist.

3. BIOMEDIZINISCHE TECHNIK (BMT) - MEDIZIN-TECHNIK (MT) -BIOMEDICAL ENGINEERING (BME)

Vereinfacht kann, wie bereits erläutert, die Biomedizinische Technik als jenes multidisziplinäre Fachgebiet verstanden werden, in dem sich die verschiedenen Teilgebiete der Medizin, der Ingenieur- und der Naturwissenschaften berühren. Insofern kann BMT als korrekte Übersetzung von "Biomedical Engineering" , wie die Fachgebietsbezeichnung im internationalen Sprachgebrauch lautet, verstanden werden. Über die Schwierigkeit, den Verständnisinhalt von "Engineering" durch "Technik" korrekt wiederzugeben, ist schon häufig diskutiert worden. Nach weitgehender Übereinstimmung wird "Technik" heute vornehmlich zur Beschreibung der Ingenieurwissenschaften und der von diesen erbrachten Leistungen verwendet (z.B. Elektrotechnik). Nur in Ausnahmefällen wird darunter auch das besondere Vorgehen bei der Bewältigung von Problemen durch die Anwendung ingenieurwissenschaftlicher Kenntnisse und Methoden verstanden (im Gegensatz zur ursprünglichen Bedeutung von Technik = Handhabung, Herstellungsverfahren, Arbeitsweise, Kunstfertigkeit). Genau dieser Unterschied zwischen "Technik" und "Engineering" ist es jedoch, der heute sichtbar wird in der auseinanderlaufenden Entwicklung des Fachgebietes in der Bundesrepublik Deutschland verglichen mit anderen führenden Nationen wie USA und Japan. So ist es erklärlich, daß die Biomedizinische Technik Schwierigkeiten hat, sich ihrem Selbstverständnis entsprechend Teilgebieten wie "Cellular Engineering" und "Molecular Engineering" zuzuwenden, die gegenwärtig im Mittelpunkt des wissenschaftlichen Interesses stehen und in anderen Ländern als Teilgebiete von BME verstanden werden, sofern dabei mit ingenieurwissenschaftlichen Methoden gearbeitet wird (dieser Umstand wird dadurch verdeutlicht, daß sich das einzige Satellitensymposium während der 1. European Conference on Biomedical Engineering 1991 in Nizza mit dem Thema "Cellular Engineering" beschäftigte).

BME wird dementprechend in vielen Ländern als ein Fachgebiet mit zwei Schwerpunktfunktionen verstanden:

- die Anwendung ingenieurwissenschaftlicher Methoden auf lebende Systeme, insbesondere zur Untersuchung der normalen und der gestörten Funktionen in solchen Systemen unter dem Aspekt der Kausalität und der naturwissenschaftlichen Erklärungsmöglichkeit. Die ingenieurwissenschaftlichen Methoden betreffen vor allem die Systemanalyse, Modellierung und Simulation, ferner die Gewinnung, Analyse und Verarbeitung von Meßdaten.

- die Erforschung und Entwicklung von technik-orientierten Methoden und Geräten, die der Arzt für die Früherkennung, die Diagnose, die Therapie und die Rehabilitation einsetzt, ferner die Unterstützung des Arztes bei der Durchführung solcher Verfahren und beim Einsatz der Geräte. Diese Schwerpunktfunktion könnte etwa als Mitwirkung auf dem Gebiet der "Health Care Technology" beschrieben werden.

In der Bundesrepublik Deutschland hat sich die Biomedizinische Technik von Anfang an und in erster Linie als Partner der Medizin, und zwar mehr der klinischen als der forschenden Medizin, gesehen. In dieser Zusammenarbeit mit der Medizin wurde die BMT immer mehr zu einem Partner, der in vielfacher Weise Dienstleistungen in Form von Methoden- und Geräteentwicklungen bis hin zur Gerätebetreuung erbracht hat. Für dieses Teilgebiet hat sich die Bezeichnung "Medizin-Technik" durchgesetzt. Da jedoch dieses Teilgebiet so eindeutig dominierend war, wird heute vielfach unter Medizin-Technik die gesamte Biomedizinische Technik verstanden. Damit wird die ohnehin schon festgestellte Abweichung zwischen **BMT** und **BME** noch verstärkt.

Es wird für die **BMT** in der Bundesrepublik Deutschland und ihre Integration in den internationalen Rahmen sicherlich von großer Bedeutung sein, ob die Unterschiede im Selbstverständnis zu **BME** größer oder kleiner werden. Nachdem sich inzwischen international das Teilgebiet "Clinical Engineering" innerhalb der **BME** herausbildet und dabei weitgehend bedeutungsgleich mit der Medizin-Technik gesehen wird, wäre es sicher wünschenswert, daß auch in der Bundesrepublik Deutschland wieder deutlicher gemacht würde, daß BMT mehr sein sollte als nur **MT**.

Offensichtlich ist, daß **BME** - und das nicht nur in den USA - sehr stark in das Netz jener Wissenschaftsdisziplinen eingebunden ist, die im Bereich der Grundlagenforschung tätig sind. Im Gegensatz hierzu liegt das Schwergewicht der **BMT** bei der anwendungsnahen Forschung und Entwicklung. Die Auswirkungen einer solchen Einordnung auf die Berücksichtigung bei den unterschiedlichen Ansätzen zur Forschungsförderung dürfen nicht zu gering eingeschätzt werden. Es kann auch nur vermutet werden, daß die Entwicklung der **BMT** in der Vergangenheit wesentlich durch die Randbedingungen der Forschungsförderung bestimmt war, worauf später noch näher eingegangen wird.

4. EINFLUSSFAKTOREN AUF DIE BIOMEDIZINISCHE TECHNIK

Die Medizin-Technik als das dominierende Teilgebiet innerhalb der Biomedizinischen Technik ist geprägt durch die vielfachen Wechselbeziehun-
gen zwischen den medizinischen und den technischen Fachgebieten. Abb.
1 zeigt eine vereinfachte Darstellung dieser Verhältnisse. Von der Bedeutung für die Medizin-Technik aus betrachtet stellt die Medizin in erster
Linie ein Nachfragepotential dar, das aus dem dort vorhandenen Entwick-
lungs- und Verbesserungsbedarf herrührt. Entsprechend kann die Technik
als Angebotsseite angesehen werden, da die dort erreichten Fortschritte
häufig als Entwicklungs- und Verbesserungspotential für medizin- technische Problemlösungen genutzt werden können.

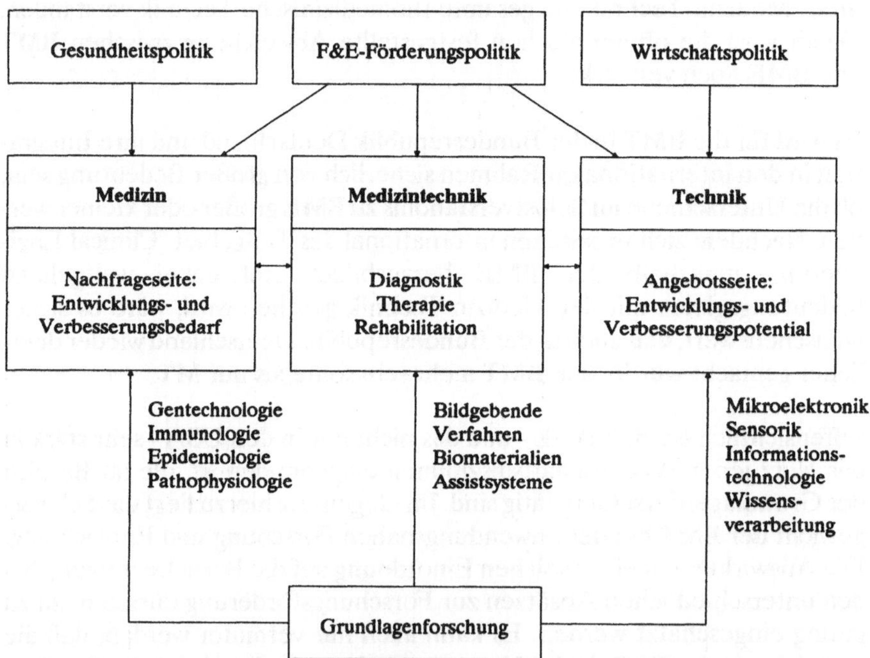

Abbildung 1: Vereinfachte Darstellung der auf die Entwicklung der Medizintechnik wirkenden Einflußfaktoren.

Wie Abb. 1 deutlich macht, wirken weitere Einflußfaktoren direkt oder
indirekt auf die Medizin-Technik und ihre Entwicklung ein. Von großer
Bedeutung ist dabei die F+E-Förderungspolitik, die sowohl indirekt über
die Medizin und die Technik als auch direkt auf die Medizin-Technik Ein-

fluß ausübt. Die Gesundheitspolitik, durch die wichtige Rahmenbedingungen für die Medizin vorgegeben werden, wirkt damit zugleich auch auf die Medizin-Technik. Ähnlich verhält es sich mit der Wirtschaftspolitik auf der Seite der Technik.

Es gibt keine Kriterien, die die Eigenständigkeit eines Fachgebietes ausweisen. Sofern hierfür überhaupt bestimmte Merkmale herangezogen werden können, gehört sicher die fachgebietsspezifische Grundlagenforschung dazu, d.h. jene Grundlagenforschung, die durch kein anderes Fachgebiet angemessen und ausreichend abgedeckt wird. Diese Voraussetzung der Eigenständigkeit ist bei der Biomedizinischen Technik erfüllt. Für die Medizin-Technik typische Themen aus der Grundlagenforschung sind die Biomaterialien, die bildgebenden Systeme (einschließlich der immer wichtiger werdenden Verfahren zur Bildverarbeitung) und die Assistsysteme wie künstliche Niere, künstliches Herz usw.

Selbstverständlich übt auch jene Grundlagenforschung, die in der Medizin und in der Technik betrieben wird, einen indirekten Einfluß auf die Medizin-Technik aus. Neue Erkenntnisse beispielsweise in der Pathophysiologie oder in der Epidemiologie können das Nachfragepotential, Fortschritte in der Mikroelektronik oder Mikrosensorik können entsprechend das Angebotspotential verändern.

Wesentlich für den Beschluß der DGBMT zur Durchführung dieser Untersuchung war die Überzeugung, daß der F+E-Förderungspolitik unter den verschiedenen Einflußfaktoren die größte Bedeutung zukommt. Diese Überzeugung wurde gestützt durch Erkenntnisse, daß sich für die **BMT** als relativ kleines, multidisziplinäres Fachgebiet die Möglichkeiten der F+E-Förderung in den zurückliegenden Jahren deutlich verschlechtert haben. In diesem Zusammenhang kommt sicher der Tatsache eine ausschlaggebende Bedeutung zu, daß Forschungsförderung, sofern sie überhaupt für die **BMT** offen ist, inzwischen überwiegend nicht mehr "reaktiv" bzw. "responsiv", sondern "direktiv" angelegt ist. Diese Tatsache wird durch die Feststellung des Präsidenten der DFG, Prof. Dr. Markl, in seinem Jahresbericht 1990 unterstrichen, wonach lediglich 1,9% der gesamten bzw. 5% der öffentlichen Mittel für Forschungsförderung nahezu die einzigen Mittel sind, über die die Wissenschaft selbst nach ihren eigenen Qualitätsmaßstäben frei verfügen kann, während mehr als 90% von Staat und Wirtschaft gezielt zur Erfüllung vorbestimmter gesellschaftlicher, politischer oder wirtschaftlicher Interessen eingesetzt werden. Prof. Markl beklagt in diesem Zusammenhang Bestrebungen, den noch vorhandenen Entscheidungsspielraum bei dieser ohnehin geringen Restsumme durch Kriterien einzuschränken, die von "publizitätskundigen Forschungspolitikern" den wissenschaftlichen Entscheidungsträgern auferlegt würden.

Es ist wahrscheinlich eine der entscheidenden Zukunftsfragen für die Wissenschaft und die wissenschaftlichen Gesellschaften, ob bei einem Anteil von 95% an den für Forschungsförderung aufgebrachten öffentlichen Mittel für die gezielte, d.h. "direktive" Forschung der Wissenschaft noch der notwendige Freiraum für Kreativität bleibt oder ob damit nicht letztlich Wissenschaft zu einer Art Dienstleistung für Politik und Gesellschaft gemacht wird. Hinzu kommt, daß zumeist durch Nichtwissenschaftler bzw. nicht wissenschaftlich Tätige nicht nur die Rahmenbedingungen, sondern auch die Ziele festgelegt und letztendlich sogar die Erfolgsbewertungen vorgenommen werden. Aus diesem Grund scheint es angebracht, die Bedeutung der F+E-Forschungsförderung in einem eigenen Abschnitt getrennt darzustellen.

4.1 BMT als multidisziplinäres Fachgebiet

Das Beziehungsgeflecht der **BMT** als multidisziplinäres Fachgebiet der angewandten Wissenschaft zu anderen Wissenschaftsgebieten in Medizin, Ingenieur- und Naturwissenschaften ist natürlich viel komplexer als in Abb. 1 dargestellt. Das Aufzeigen dieser Beziehungen soll nicht nur verdeutlichen, durch welche Einflüsse das Spektrum der wissenschaftlich-technischen Problemstellungen in der **BMT** beeinflußt werden kann, sondern auch, welche Wissensinhalte in der **BMT** verfügbar sein müssen, um derartige Problemstellungen bearbeiten zu können.

Was die Medizin betrifft, so bestehen enge Beziehungen vor allem zu jenen Teilgebieten, die aus methodologisch-technischen Voraussetzungen heraus entstanden sind. Andererseits gibt es heute kaum noch ein medizinisches Teilgebiet, sei es in Klinik oder Forschung, ohne jede Beziehung zur **BMT**. Vielfältig sind auch die Beziehungen zur Biologie, die wegen der Vergleichbarkeit in vielen Problembereichen aus der Sicht der **BMT** häufig mit der Medizin zusammengefaßt wird.

Ähnlich verhält es sich mit den Beziehungen der **BMT** zu den Ingenieur- und Naturwissenschaften. Dabei bestehen, was für die derzeitige und zukünftige Bewertung der **BMT** wesentlich erscheint, besonders enge Beziehungen zu den Schlüsseltechnologien.

Die nachfolgende Aufzählung ist sicher unvollständig, vermittelt jedoch einen gewissen Eindruck der vielfältigen Beziehungen der **BMT** zu anderen Wissensgebieten:

<u>Medizin und Biologie:</u> Biophysik, Biochemie, Physiologie, Biokybernetik, Biomathematik, Medizinische Informatik, Medizinische Physik, Pathophy-

siologie, Anästhesie, Innere Medizin, Chirurgie, Radiologie, Geburtshilfe, Orthopädie, HNO, Zahnmedizin, Klinisch-chemisches Laboratorium.

<u>Ingenieur- und Naturwissenschaften:</u> Elektrotechnik, Mikroelektronik, Informatik, Mechanik, Maschinenbau, Konstruktionslehre, Strömungslehre, Regelungstechnik, Meßtechnik, Materialwissenschaft, Festkörperphysik, Grenzflächenphysik, Kernphysik, Polymerchemie, Abfall- und Hygienetechnik.

Auch die **BMT** hat innerhalb ihres Fachgebietes eine Untergliederung bzw. Spezialisierung erfahren, wodurch der ständig erforderliche Anpassungsprozeß vollzogen und widergespiegelt wird. Die wichtigsten Teilgebiete sind:
- bildgebende Systeme und Bildverarbeitung
- Biomaterialien
- Ersatzsysteme und technische Rehabilitationshilfen
- Krankenhauskommunikationssysteme und Telemetrie
- Laboranalysentechnik bzw. instrumentelle Analytik im Labor
- Laser in der Medizin
- Medizinische Informatik (Signal- und Datenverarbeitung)
- Medizintechnik im Krankenhaus ("Clinical Engineering")

4.2 Die Medizin als Nachfragepotential für BMT

Die Abschätzung des tatsächlich vorhandenen medizinischen Bedarfspotentials fällt schwer. Bezogen auf die ungelösten Probleme in der Medizin erscheint, trotz aller Fortschritte, das Bedarfspotential unermeßlich groß. Eine solche "Wunschliste" reicht von langfristig implantierbaren künstlichen Organen (z.B. Herz, Niere, Pankreas) über perfektere technische Rehabilitationshilfen (z.B. Sehhilfen für Blinde, Stimulatoren für Querschnittsgelähmte) und spezielle, leistungsfähige Meßtechniken (z.B. zum Nachweis von bestimmten Biomolekülen wie Neurotransmittern und Antikörpern) bis zu einem miniaturisierten Datenträger, der die gesamte Krankengeschichte eines Patientenlebens aufnehmen und in gezielter Form abrufbar zur Verfügung stellen kann.

Es ist offensichtlich, daß viele dieser Projekte zur Zeit nicht in der benötigten bzw. gewünschten Form realisierbar sind. Andererseits wird Forschung, auch wenn das eigentliche Ziel zunächst in weiter und fast utopischer Ferne liegt, immer notwendig sein, wenn überhaupt eine Annäherung an dieses Ziel angestrebt wird. Im übrigen gilt eine ähnliche Feststellung auch für viele andere Forschungsvorhaben, z.B. Krebs und AIDS, deren vollständige Beherrschung, trotz aller optimistischen Prognosen in der Vergangenheit, sicher noch in weiter Ferne ist. Aber gerade in einem solchen Zusammenhang wird deutlich, welche Bedeutung die Gesundheitspolitik und die direktive Forschungsförderung für die Entwicklung der Wissenschaften im allgemeinen und einzelner Wissenschaftsdisziplinen im besonderen besitzen.

Da es bisher keine Kriterien gibt, um die Leistungsfähigkeit des Gesundheitssystems und insbesondere der Patientenversorgung eindeutig und objektiv zu bewerten, fällt es auch schwer, das Bedarfspotential in der Medizin für **BMT** danach zu beurteilen, wo Ansätze zu einer Steigerung der Leistungsfähigkeit erkennbar und realisierbar sind. Die Erfolge der Medizin sind unbestreitbar, sie zeigen sich vor allem in einer deutlichen Steigerung der Lebenserwartung sowie in einer ebenso deutlichen Senkung der Säuglingssterblichkeit.

1968 lebten in der Bundesrepublik Deutschland (Altbundesländer) 1,08 Mill. Einwohner, die 80 Jahre oder älter waren, entsprechend etwa 1,8% der damaligen Bevölkerung. 1986 hatten bereits 2,12 Mill. Einwohner bzw. 3,5% der damaligen Bevölkerung die Altersgrenze von 80 Jahren erreicht. Die Säuglingssterblichkeit innerhalb des ersten Lebensjahres nahm von über 40 je 1000 Lebendgeborenen im Jahre 1955 auf etwa 9 im Jahre 1986 ab. Eine besonders starke Abnahme der Säuglingssterblichkeit war dabei in den Jahren zwischen 1972 und 1986 zu verzeichnen.

An diesen Erfolgen ist die Medizin-Technik ganz wesentlich beteiligt. Das soll anhand einiger Zahlen aus dem Jahr 1985 belegt werden, die für die damalige Bundesrepublik Deutschland gelten: Über 200 000 Patienten wurden bis dahin mit einem implantierten Herzschrittmacher, über 70 000 Patienten mit künstlichen Herzklappen, über 150 000 mit einem künstlichen Gefäßersatz und über 150 000 Patienten mit einem künstlichen Hüftgelenk versorgt.

Die jährliche Implantationsrate für Herzschrittmacher betrug 1987 in der damaligen Bundesrepublik Deutschland ca. 32 000. Dabei kam es, ermöglicht durch die verbesserte Technik, zu einer Ausweitung des Indikationsbereiches und zu einer Verschiebung der Häufigkeit in den bisher bereits versorgten Krankheitsgruppen, d.h. diese in den meisten Fällen lebenserhaltende therapeutische Maßnahme konnte für viele Patienten effizienter genutzt werden.

Zur Zeit verdanken in den alten Bundesländern etwa 24 000 Patienten ihr Leben der regelmäßigen Dialyse. Trotz aller Anstrengungen ist dieser Bedarf weder jetzt noch in absehbarer Zeit durch Nierentransplantationen zu befriedigen.

Nach einer Anfang der 80er Jahre unter medizinischen Experten durchgeführten Umfrage wurden die wichtigsten Fortschritte innerhalb der letzten 20 Jahre durch folgende Entwicklungen erreicht:

a. die bildgebenden Systeme, insbesondere
   - Computertomographie
   - digitale Subtraktionsangiographie
   - Ultraschall

b. die Transplantationsmedizin, insbesondere
   - beim Herzen
   - bei der Niere
   - bei der Leber

c. die künstlichen Organe, insbesondere
   - die Herz-Lungen-Maschine
   - die künstliche Niere
   - die künstlichen Gelenke

Bei den Fortschritten nach den Gruppen a. und c. handelt es sich um unmittelbare Auswirkungen medizin-technischer Entwicklungen, aber auch die in der Gruppe b. erreichten Fortschritte wären ohne die Medizin-Technik nicht möglich gewesen. An dieser Bewertung dürfte sich seit der damaligen Umfrage nicht viel geändert haben, wenn man insbesondere die Ergänzung der bildgebenden Verfahren durch die Kernspinresonanztomographie, die Entwicklung der nicht-invasiven Steinzertrümmerung und der minimal-invasiven Chirurgie sowie die Fortschritte bei den künstlichen Organen berücksichtigt.

Trotz dieser überzeugenden Erfolgsbilanz muß jedoch festgestellt werden, daß bisher kein medizin-technisches Produkt einen solchen Grad der Vollkommenheit erreicht hat, daß weitere Verbesserungen nicht wünschenswert oder möglich wären. Allein in dieser Verbesserung liegt aus medizinischer Sicht ein riesiges Bedarfspotential und eine ständige Herausforderung für das Fachgebiet **BMT**.

Aber eine Beschränkung der **BMT** nur auf dieses Verbesserungspotential würde längerfristig, und für diese Voraussage muß man keine fragwürdigen Kriterien bemühen, zu einer Verschlechterung der Leistungsfähigkeit des Versorgungssystems führen, da die Krankheitslandschaft einem ständigen Wandel mit oft abrupten und nicht voraussehbaren Sprüngen unterworfen ist, wie das Auftreten von AIDS gezeigt hat.

Folgende Angaben sollen den ständigen Wandel der Krankheitslandschaft verdeutlichen: 1949 waren 25 345 Todesfälle (= 4,6%) auf Tuberkulose,

85 473 Todesfälle (= 15,5%) auf bösartige Neubildungen und 159 439 Todesfälle (= 29%) auf Erkrankungen des Herz-Kreislauf-Systems zurückzuführen. Für 1986 lauten die entsprechenden Zahlen: Tuberkulose 786 = 0,11%, bösartige Neubildungen 163 038 = 23,2% und für die Erkrankungen des Herz-Kreislauf-Systems 351 541 = 50,1%.

Diese Zahlen sagen viel über die Veränderung der Grobstruktur der Krankheitslandschaft aus, aber auch ihre Feinstruktur ändert sich ständig. Eine solche Veränderung der Feinstruktur wird beispielsweise durch eine Verschiebung in der Häufigkeit bestimmter Tumorarten bewirkt. 1952 starben ca. 10 000 Menschen an Dickdarmkrebs, 1979 waren es bereits etwa 22 000 und 1986 über 23 000. Nach neuesten Angaben hat das Bronchialkarzinom bei Frauen innerhalb der letzten dreißig Jahre um das Achtfache zugenommen, vermutlich als Folge des bei Frauen zunehmenden Zigarettenrauchens. Zugleich ist die Todesursache "Rauchen" bei Frauen vom 8. Platz (1950) inzwischen auf den 3. Platz vorgerückt.

Es gibt viele Ursachen für Veränderungen der Krankheitslandschaft. Nur einige dieser Ursachen seien hier genannt:

- höhere Lebenserwartung, die zusammen mit einer verminderten Geburtenrate zu einer veränderten Altersstruktur führt;

- veränderte Lebensgewohnheiten (z.B. Freizeit- und Konsumverhalten, die damit verbundenen Krankheiten werden häufig als sog. Wohlstandsseuchen und Freizeitstress bezeichnet);

- wirksamere diagnostische und therapeutische Methoden (z.B. Laboranalytik, Herzschrittmachertherapie, Einführung neuer Pharmaka);

- Umweltbelastungen (z.B. Anreicherung toxisch wirkender Substanzen in Luft und Nahrungsmitteln);

- Auftreten neuer und bisher unbekannter (z.B. AIDS) oder gegen die zur Verfügung stehenden Arzneimittel durch Selektion und Anpassung resistent gewordener Krankheitserreger, aber auch durch eine mögliche Vererbung genetisch bedingter Prädispositionen.

Manche Veränderungen verlaufen langsam, gewissermaßen stetig mit vorausberechenbaren Auswirkungen, andere wie AIDS tauchen unvermutet und überraschend auf.

Allgemein läßt sich sagen, daß die Infektionskrankheiten stark zurückgedrängt worden sind, aber zugleich chronisch verlaufende und häufig durch multiple Faktoren ausgelöste Krankheiten deutlich zunehmen. Zugleich steigt die Multimorbidität mit zunehmendem Lebensalter, häufig verbunden mit einer Mehrfachbehinderung. So lebten 1989 bereits in 926 000 bundesdeutschen Haushalten Personen, die bei vielen Verrichtungen des täglichen Lebens auf die Hilfe anderer Personen angewiesen waren.

Bemerkenswert ist, daß unter den Krankheiten mit Zuwachszahlen auch solche sind, deren Risikofaktoren recht gut bekannt sind und in Aufklärungskampagnen immer wieder in das Bewußtsein gerufen werden. Das gilt insbesondere für die Wohlstandsseuchen. Dieser Umstand macht die Grenzen der bisherigen Ansätze zur Prävention deutlich. Es muß nachdenklich stimmen, wenn der Anstieg der Hörgeschädigten in den letzten Jahren (nach neueren Zahlen soll es sich um 24% der Gesamtbevölkerung handeln) vor allem durch einen Anstieg der Hörgeschädigten in den jüngeren Altersgruppen verursacht wird. Auf die Gefahren, die von Diskotheken und dem Walkman ausgehen, wurde immer wieder mit Nachdruck, aber ohne Erfolg hingewiesen. Der Übergang in einen Zustand der irreversiblen Schädigung erfolgt für den Betroffenen zunächst unbemerkt, und wenn erstmals eine Beeinträchtigung festgestellt wird, ist es zumeist zu spät. Bisher wurde die Biomedizinische Technik, die die Medizin in Diagnostik, Therapie und Rehabilitation so wirkungsvoll unterstützt hat, aus der Prävention fast völlig ausgeschlossen. Hier liegt sicher ein großes medizinisches (präklinisches) Bedarfspotential, aber ebenso sicher ist dafür bei den Entscheidungsträgern ein Umdenkprozeß erforderlich, wenn die **BMT** in diese Aufgabe wirkungsvoller als bisher einbezogen werden soll.

4.3 Die Technik als Angebotspotential für BMT

Die Ingenieur- und Naturwissenschaften bieten durch Grundlagenforschung und die Weiterentwicklung vorhandener Technologien ein fast unerschöpfliches Potential für neue methodische und instrumentelle Ansätze. Hiervon profitieren viele andere Fachgebiete in Forschung, Entwicklung und Anwendung. Auch die Medizin ist in wesentlichen Bereichen durch Fortschritte bei den Ingenieur- und Naturwissenschaften beeinflußt worden.

Es fällt schwer, unter den verschiedenen Ingenieur- und Naturwissenschaften solche herauszugreifen, von denen in nächster Zeit ein besonderer Beitrag zur **BMT** zu erwarten ist, da in der Vergangenheit fast alle Teilgebiete über die **BMT** auf die Medizin eingewirkt haben. Das geschah oft, wie z.B. bei der nicht-invasiven Steinzertrümmerung mit Stoßwellen, auf Randgebieten und mit einem so überraschenden methodischen Ansatz, daß in der Originalität des Vorhabens zugleich die Gefahr seines Scheiterns lag.

Im allgemeinen verläuft die Entwicklung in der Technik jedoch sehr viel stetiger und daher besser voraussagbar als in der Medizin. Dies hängt vor allem mit dem systematisch-breiten und langfristig angelegten methodischen Ansatz in der Grundlagenforschung und den immer noch erheblichen Zeiträumen vom Erkenntnisgewinn in der Grundlagenforschung bis zu seiner Umsetzung in anwendungsbezogene Problemlösungen zusammen. Von großer Bedeutung ist allerdings auch die Ergänzung von unterschiedlichen Forschungseinrichtungen (Hochschulen, MPI- und FG-Forschungsinstituten, Firmen) in der Grundlagenforschung.

Unter den erwähnten Vorbehalten sollen hier einige technische Teilgebiete herausgegriffen werden, die sich durch folgende Eigenschaften auszeichnen:

- besonders enge Beziehung zur **BMT** in der jüngsten Vergangenheit;

- besonders große Entwicklungsdynamik auf breiter Front;

- besondere Qualifikation als Schlüssel- oder Basistechnologie.

1. Mikroelektronik

Das Zeitalter der Elektronik begann mit der Erfindung der Vakuumröhre etwa um die Jahrhundertwende. In den 50er Jahren erfolgte mit der Erfindung des Transistors der Eintritt in das Zeitalter der Mikroelektronik. Die Entwicklung führte danach weiter über integrierte Schaltungen in Analog- und Digitaltechnik bis zum Mikroprozessor. Während 1960 für ein damals übliches Bauelement (Röhre, Widerstand, Ferritkern als Speicherelement usw.) ein durchschnittlicher Raumbedarf von 1 - 10 cm^3 angegeben wurde, werden heute auf einem Substrat von 1 cm^2 mehrere Millionen Bauelemente in integrierter Technik aufgebracht. 1960 lagen die Schaltzeiten im μs-Bereich, heute im ns-Bereich. Dabei wird bereits darüber nachgedacht, wie durch weitere Verringerung der Strukturabmessungen noch kürzere Schaltzeiten (bis 10 ps), z.B. durch Ausnutzen des sog. "Ballistischen Effektes", erreicht werden können. Durch neuartige Herstellungsverfahren ließen sich Analog- und Digitalschaltungen hoher Komplexität auf demselben Substrat (z.B. in der BiCMOS-Technologie) verwirklichen und die Anzahl der Verschaltungsebenen deutlich steigern. Ein einziger Chip in integrierter Bauweise enthält heute bereits mehr Funktionen als die ersten elektro-mechanischen Rechner in mehreren Schränken. Die Fortschritte in der Entwicklung immer komplexerer Schaltungen werden unterstützt durch die Fortschritte beim rechnergestützten Schaltkreisentwurf.

Für die Bundesrepublik Deutschland wird das jährliche Marktvolumen für mikroelektronische Schaltungen mit etwa 4 - 5 Milliarden DM angegeben, und diese Schaltungen werden in Geräten verwendet, deren Marktvolumen etwa 60 Milliarden DM beträgt. Aus diesen Zahlen wird die Bedeutung der Mikroelektronik als Basistechnologie besonders deutlich. Auch die Medizin hat von dieser Entwicklung profitiert, da es heute kaum noch medizin-technische Geräte ohne mikroelektronische Bauelemente gibt.

Die Vorteile dieser Technologie sind:

- günstiges Preis-Leistungsverhältnis, das trotz verbesserter Leistung ständig gefallen ist (z.B. Preis pro Speicherplatzeinheit);

- durch Programmierbarkeit einfache Problemadaptation bzw. Realisierung problemspezifischer Schaltungen (z.B. mit ASICs, EPLDs, Gate Arrays usw.);

- hohe Ausfallzuverlässigkeit bei gleichzeitig engen Fertigungstoleranzen;

- hohe Schaltungskomplexität durch interne Funktionen und Verschaltungen.

Bisher sind weder die physikalischen Grenzen dieser Technologie exakt festlegbar noch gibt es Hinweise darauf, daß diese Grenzen in naher Zukunft erreicht werden würden. Es kann deshalb davon ausgegangen werden, daß hier auch für die absehbare Zukunft ein erhebliches Angebotspotential für die Lösung von Problemen in der Medizin zur Verfügung steht.

2. Informationstechnologie

Wenige Begriffe haben unsere Gesellschaft in den letzten Jahren so geprägt wie jener der Information. Information wird dabei zunehmend mit Wissen gleichgesetzt. Die Verfügbarkeit von Information ist eine notwendige Voraussetzung dafür, um Entscheidungen schnell und problemadäquat treffen zu können.

In der Studie "Zukunftskonzept Informationstechnik", die 1989 vom Bundesministerium für Forschung und Technologie herausgegeben wurde, findet sich folgende Feststellung (S. 84): *"Kennzeichnend für die ungebrochene Dynamik der Informationstechnik ist, daß mit jeder neuen Generation von Technologien, Systemen oder Geräten bisherige Grenzen der technisch-wirtschaftlichen Leistungsfähigkeit überwunden und neue Anwendungsformen*

eröffnet wurden". Diese Feststellung gilt ohne Einschränkung auch für die
Anwendung der Informationstechnologie in der Medizin.

Die Organisation des gesamten Gesundheitswesens beruht auf der Gewinnung, Erfassung, Verarbeitung und Speicherung von Information. Jedes
Krankenhaus stellt heute einen informationsverarbeitenden Betrieb dar,
dessen Arbeitsweise geprägt ist von der Notwendigkeit, Informationen un-
terschiedlichster Art (Patientendaten, Verwaltungsdaten, Organisations-
daten, Logistikdaten usw.) an verschiedenen Orten jederzeit abrufbar zur
Verfügung zu stellen und trotzdem den Mißbrauch von Daten möglichst
auszuschließen.

Viele der Probleme, vor denen die Krankenhäuser im Zusammenhang mit
der Einführung eines integrierten Krankenhausinformations- und -kom-
munikationssystemes stehen, entsprechen jenen anderer Betriebe, dagegen sind andere Probleme spezifisch für Krankenhäuser. Aber insgesamt
gibt es in dieser Technologie so viele Gemeinsamkeiten, daß hier ein riesiges Angebotspotential für die Medizin vermutet werden kann.

Dieselbe Feststellung gilt für jenes Untergebiet der Informationstechnologie, das sich mit der Entwicklung sog. wissensbasierter Systeme (Expertensysteme) befaßt. Für diese Entwicklung gingen von der Medizin zunächst
viele Impulse aus (Entwicklung von MYCIN, CASNET, INTERNIST und
PIP in den 70er Jahren). Wegen einiger Probleme, auf die hier nicht näher
eingegangen werden soll, hat die Medizin dann den Anschluß an diese
Entwicklung verloren. Heute ist nach den Erfahrungen auf anderen Gebieten und auf der Basis von Untersuchungen zum Einsatz von wissensbasierten Systemen in der Medizin (Bericht einer Enquetekommission des
11. deutschen Bundestages) anzunehmen, daß diese Technologie wieder
und verstärkt auf die Medizin übergreifen wird. In diesem Zusammenhang
kommt der Entwicklung und Verfügbarkeit von neuronalen Netzwerken,
einer auf biokybernetischen Ansätzen beruhenden Technologie zur Paral-
lelverarbeitung von Informationen, eine große Bedeutung zu.

3. Sensorik

Verstanden wird darunter das gesamte Spektrum der Meßwertwandler,
insbesondere wenn im Grundkonzept oder bei der Herstellung Gesichtspunkte berücksichtigt werden, die für die Elektronik typisch sind. Es handelt sich dabei also in erster Linie um Meßwertwandler auf Halbleiterbasis
oder mit nachgeschalteter, eventuell direkt in die Wandler-Funktionsein-
heit integrierter Signalverarbeitung.

Die Sensorik stellt heute ein wichtiges Gebiet mit großer Entwicklungsdynamik dar. An die Meßwertaufnehmer werden nicht nur immer strengere

Anforderungen hinsichtlich Meßgenauigkeit, Langzeitstabilität, Größe, Energieaufnahme usw. gestellt, sondern es sollen zugleich ganz neue Meßgrößen erfaßt werden können. Wesentliche Anregungen hierfür gehen von der Produktionstechnik (Überwachung von Herstellungsprozessen), von der Umweltanalytik (Feststellung der Luft-, Wasser- und Bodenverschmutzung) sowie von der Biotechnologie (Kontrolle bestimmter Prozeßparameter) aus.

Während früher Spezifität, Empfindlichkeit und Linearität wesentliche Gesichtspunkte für die Brauchbarkeit eines Wandlerverfahrens waren, spielen sie heute kaum noch eine Rolle. Die Spezifität wird vielfach durch eine Multisensoranordnung (z.B. in integrierter Technik) mit unterschiedlichem Empfindlichkeitsprofil der einzelnen Elemente und anschließender Signalauswertung wie bei überlagerten Spektren erreicht. Unzureichende Empfindlichkeit und Linearität lassen sich häufig durch elektronische Hilfsmittel ausgleichen. Dagegen sind Miniaturisierung, weitgehend automatisierter Herstellungsprozeß mit engen Fertigungstoleranzen, geringe Kosten (Einmalartikel) usw. wichtige Gesichtspunkte.

Da zur Zeit von anderen Anwendungsgebieten, denen forschungspolitisch eine hohe Priorität eingeräumt wird, ein erheblicher Entwicklungsanreiz ausgeht, ist hier ein wachsendes Angebotspotential zu erkennen, für das in der Medizin ein großes, ungedecktes Bedarfspotential vorhanden ist. Das sei nur an wenigen Beispielen aufgezeigt:

- Bei einer großen Zahl insulinpflichtiger Diabetiker kommt es zu den bekannten Langzeitfolgen einer nicht ausreichenden Blutzuckereinstellung (Sehschwäche bis zur Erblindung, periphere Minderdurchblutung bis zur Beinamputation, Nierenfunktionsstörung bis zum Nierenverlust). Ein Sensor zur kontinuierlichen Blutzuckermessung, entweder nicht-invasiv oder langfristig implantierbar, wäre deshalb dringend erforderlich.

- Die in der Gerätebeschaffung teure und in der Anwendung umständliche Chromatographie verdankt ihre weite Verbreitung in der klinischen Analytik vor allem der Tatsache, daß keine einfachen Sensoren mit vergleichbarer Spezifität und Nachweisempfindlichkeit zur Verfügung stehen.

- Für viele Medikamente und deren Abbauprodukte fehlen Nachweisverfahren, die eine an das Individuum besser angepaßte Dosierung, d.h. ausreichende Hauptwirkung bei gleichzeitiger Verringerung unerwünschter Nebenwirkungen, ermöglichen würden.

4.4 Der Einfluß der Wirtschaftspolitik

Die Wirtschaftspolitik hat in mehrfacher Hinsicht jene Voraussetzungen zu schaffen, die eine Umsetzung von wissenschaftlich-technischer Kreativität, unternehmerischer Fähigkeit, beruflicher Qualifikation und Fleiß in marktfähige Produkte gestatten. Die Erfahrungen aus vielen Ländern, insbesondere aus den staatlich gelenkten Planwirtschaften in den osteuropäischen Ländern, haben in der Vergangenheit überzeugend deutlich gemacht, welche Bedeutung diesen Voraussetzungen beizumessen ist. Diese Erfahrungen haben vor allem gezeigt, daß sich die Wirtschaftspolitik längerfristig nur dann den notwendigen Handlungsspielraum erhalten kann, wenn sie zugleich den von ihr abhängigen Einrichtungen einen ausreichenden Handlungsspielraum beläßt.

Diese grundsätzlichen Feststellungen gelten für die Medizin-Technik in ganz besonderem Maß. Dafür gibt es mehrere Gründe. Auf dem Markt für medizin-technische Produkte sind die üblichen Mechanismen einer freien Marktwirtschaft teilweise erheblich eingeschränkt. Ein Ausdruck dieser Einschränkung ist die Großgeräteverordnung. Allgemein kann gesagt werden, daß die wichtigsten Kunden für medizin-technische Produkte, nämlich die Krankenhäuser, in ihrem Entscheidungsspielraum, sowohl was die Festlegung ihres Leistungsprofiles als auch ihr finanzielles Verfügungsrecht betrifft, in vielfacher Weise einschränkenden Richtlinien unterliegen. Die Marktfähigkeit medizin-technischer Produkte wird daher oft von anderen Gesichtspunkten mitbestimmt, als dies bei den übrigen industriellen Produkten der Fall ist. Insbesondere ist eine vorausplanende Marktanalyse viel schwieriger als auf anderen Sektoren, da bei wirklich neuartigen Produkten zunächst nicht vorausgesehen werden kann, ob und wann sie durch die Aufnahme in den Leistungskatalog der gesetzlichen Krankenkassen abrechnungsfähig und daher oft erst im eigentlichen Sinn "marktfähig" gemacht werden.

Die medizin-technische Industrie ist ein Bereich, der nicht nur durch wenige Großbetriebe mit einer großen Anzahl von kleineren Zulieferbetrieben gekennzeichnet ist. Medizin-technische Produkte zeichnen sich einerseits durch einen hohen Innovationsstandard und eine riesige Produktvielfalt (die Vielfalt medizin-technischer Geräte wird auf über 30 000 geschätzt), andererseits durch ganz unterschiedlich große Stückzahlen pro Produkt aus. Viele medizin-technische Produkte sind daher Nischenprodukte, d.h. relativ singuläre Produkte für einen beschränkten Markt. Aus diesem Grund kommt der mittelständischen Industrie ebenso wie den Klein- und den Großbetrieben eine wichtige Funktion zu.

Genauso wichtig ist die Ergänzung und Unterstützung des industriellen Bereichs durch eine wissenschaftlich-technische Infrastruktur und Möglichkeiten des Technologietransfers in den verschiedenen Formen. Wenn in dem bereits erwähnten Bericht des BMFT "Zukunftskonzept Informationstechnik" festgestellt wird (S. 84): *"Eine starke technologische Basis kann nur im Zusammenwirken einer leistungsfähigen Forschungsinfrastruktur mit der Forschung und Entwicklung in der Industrie entstehen"*, dann gilt diese Aussage ebenso und in vollem Umfang auch für die **BMT**.

4.5 Der Einfluß der Gesundheitspolitik

Sofern im Gesundheitsbereich überhaupt von einem Markt im eigentlichen Sinn gesprochen werden kann, werden die Rahmenbedingungen für diesen Markt ganz wesentlich durch die Zielvorgaben der Gesundheitspolitik bestimmt. Diese Zielvorgaben sind keineswegs in erster Linie an der Zielsetzung Gesundheit 2000 entsprechend der WHO-Definition für Gesundheit (*"Gesundheit ist ein Zustand des vollständigen körperlichen, geistig-seelischen und sozialen Wohlbefindens, der nicht lediglich durch Abwesenheit von Krankheit und Schwäche zu erreichen ist"*) ausgerichtet.

Die Gesundheitspolitik steht heute vor der Schwierigkeit, ihre Zielvorgaben vorrangig an der Notwendigkeit ausrichten zu müssen, die Tendenz zu weiteren Kostensteigerungen abzuschwächen. Insofern lassen sich die wichtigsten Maßnahmen und Entscheidungen zur Gesundheitspolitik unter dem Begriff *"Kostendämpfung"* zusammenfassen. Beispielhaft hierfür sind die Einführung der Festbetragsregelung für Medikamente. In der Diskussion sind die Einführung der Fallkostenpauschale, eventuell sogar die Anbindung der Aufwendungen im Gesundheitssektor an einen geeigneten globalen Wirtschaftsfaktor, z.B. die Grundlohnsumme.

Es wird wesentlich vom Erfolg solcher Maßnahmen abhängen, ob damit weitergehende Maßnahmen in Richtung *"Kosten- und damit Leistungseinschränkung"* vermieden werden können. Solche Maßnahmen, wie sie in anderen Ländern teilweise schon verwirklicht sind, z.B. daß die gesetzlichen Kostenträger nicht mehr für jeden Betroffenen die Kosten für die Durchführung der Dialyse übernehmen, würden sich letztlich massiv auf das Nachfragepotential auf der Seite der Medizin auswirken.

5. DIE FORSCHUNGSFÖRDERUNG

Forschung beruht vor allem auf drei Voraussetzungen:

- Kreativität, verbunden mit wissenschaftlicher Neugier

- Zeit

- Geld

Forschung dient in erster Linie dem Erkenntnisgewinn. Erkenntnisgewinn ist jedoch zunächst ein nicht materiell bewertbarer Gewinn, und aus diesem Grund kann sich Forschung nur in Ausnahmefällen unmittelbar aus ihrem Erkenntnisgewinn selbst finanzieren. Forschung bedarf daher der finanziellen Zuwendung. Dieser Sachverhalt verdeutlicht die Bedeutung der Forschungsförderung.

In der Bundesrepublik Deutschland gibt es, im Gegensatz zu anderen Ländern, nur wenige Einrichtungen, die Forschungsförderung betreiben und hierfür über eigene Forschungsmittel verfügen. Die überwiegende Mehrzahl der Finanzmittel, die der Forschung zufließen, kommt letztendlich aus staatlichen Quellen. Der damit gegebenen Versuchung, über die Vergabe der Forschungsmittel unmittelbaren Einfluß auf die Forschung und die dort erarbeiteten Erkenntnisse zu nehmen, hat die Regierung in jenen Fällen entsagt, wo sie die Finanzmittel ohne Zweckbindung Selbstverwaltungsorganen überläßt. Die wichtigste derartige Selbstverwaltungsorganisation der Wissenschaft ist die Deutsche Forschungsgemeinschaft DFG.

Allerdings hat der Staat nicht auf alle Möglichkeiten verzichtet, Forschungsförderung in eigener Regie zu betreiben. Er kann hierfür gute Gründe anführen, z.B. daß er in besonderem Maß eine Fürsorgepflicht gegenüber seinen Bürgern hat und zur Wahrnehmung dieser Fürsorgepflicht bestimmte Forschungsaufgaben erforderlich sind. Dabei kann es sich beispielsweise um solche Forschungsaufgaben handeln, die nach den Maßstäben der "Wissenschaftlichkeit" keine Aussicht auf Förderung hätten, jedoch aus sozialen, wirtschaftlichen oder sonstigen Gründen betrieben werden sollten. Die unmittelbare Ausübung der Forschungsförderung gibt dem Staat die Möglichkeit, Prioritäten und Forschungsschwerpunkte festzulegen. Die Zuständigkeit für diese direkte Forschungsförderung, soweit wissenschaftliche Fachgebiete betroffen sind, liegt in der Bundesrepublik Deutschland vor allem beim Bundesminister für Forschung und Technologie BMFT.

Die direkte Forschungsförderung durch staatliche Einrichtungen und die Förderung durch die Selbstverwaltungsorganisationen der Wissenschaft sind grundsätzlich verschieden und scheinen sich in nahezu komplementärer Form zu ergänzen. Eine genauere Analyse zeigt jedoch, daß dieses Modell der komplementären Forschungsförderung durchaus nicht allen Ansprüchen genügt.

5.1 Die Deutsche Forschungsgemeinschaft DFG

Die DFG ist eine Selbstverwaltungsorganisation der deutschen Wissenschaft, und ihre Unabhängigkeit ist in der Satzung niedergelegt, wo festgestellt wird, daß die DFG der Wissenschaft dient, nicht jedoch dem Staat, dem Bund, den Ländern, den Hochschulen, der Industrie oder anderen Gruppierungen.

1988 standen der DFG für die Forschungsförderung ingesamt 1122,6 Millionen DM zur Verfügung. Davon wurden 680,2 Millionen DM durch den Bund, 435,5 Millionen DM durch die Länder und der Rest durch andere Quellen aufgebracht.

Die Beurteilung von Anträgen auf Forschungsförderung erfolgt durch 36 Fachausschüsse, denen 459 Fachgutachter angehören (Zahlangaben für 1988). Diese Fachgutachter werden alle vier Jahre in direkten, allgemeinen und geheimen Wahlen von den in der Forschung tätigen Wissenschaftlern der Bundesrepublik Deutschland gewählt. Die Wahl erfolgt dabei nach Zuordnung der Wähler zu einem Fachgebiet. Hierin liegt eine der wesentlichen Schwierigkeiten für interdisziplinäre Fächer, da die möglichen Wähler eines interdisziplinären Fachgebietes zumeist auch noch einem Hauptgebiet angehören, für das sie sich dann bei der Stimmabgabe bevorzugt entscheiden. Eine weitere Schwierigkeit besteht für jene Fachgebiete, die bisher an den Universitäten und sonstigen Forschungseinrichtungen nur in geringem Maß vertreten sind und dementsprechend nur über ein kleines Potential von Wahlberechtigten verfügen. Dieser Nachteil im Vergleich zu den etablierten Fachgebieten ist sicher für viele relativ neue Fachgebiete ein allgemeines, nicht nur auf die DFG bezogenes Problem. Für das Fachgebiet **BMT** treffen beide Schwierigkeiten zusammen.

Die DFG hat das Fachgebiet der **BMT** 1983 erstmals in den Fächerkatalog aufgenommen und ihm damit das passive Wahlrecht zugebilligt. Allerdings wurde die **BMT** dabei mit der Medizinischen Physik zusammengefaßt, die durch ihre gesetzlich abgesicherte Mitwirkung in Einrichtungen der klinischen Radiologie über ein höheres Wählerpotential verfügt. Es ist daher bisher noch nicht gelungen, Fachgutachter aus dem Fachgebiet **BMT** zu wählen, die die Interessen dieses Fachgebietes bei der DFG vertreten könnten.

Die DFG fördert Projekte

- als Einzelprojekte im Normalverfahren,

- als Schwerpunktprogramme,

- im Rahmen von Forschergruppen,

- im Rahmen von Sonderforschungsbereichen.

Ferner werden Hilfseinrichtungen der Forschung gefördert und Stipendien für die Durchführung wissenschaftlicher Projekte vergeben.

Im Anschluß an die KLASMEIER-Studie hat die DFG 1972 an der RWTH Aachen den fakultätsübergreifenden Sonderforschungsbereich 109 "Künstliche Organe - Modelle und Organersatz" eingerichtet, der bis 1986 bestand. Die Einrichtung dieses interdisziplinären Sonderforschungsbereiches in Aachen wurde sicher durch zwei Tatsachen wesentlich begünstigt: Zum einen waren an der RWTH Aachen neben einer medizinischen Fakultät mit allen klinischen Einrichtungen auch alle ingenieurwissenschaftlichen Fachrichtungen vorhanden, zum anderen war als Folge der KLASMEIER-Studie und mit Mitteln der Volkswagenstiftung das Helmholtz-Institut für Biomedizinische Technik aufgebaut worden, das als eigenständiges Institut von der Forschungsgesellschaft für Biomedizinische Technik e.V. Aachen getragen wird.

Seit der Einstellung des Sonderforschungsbereiches in Aachen ist die BMT weder mit einem Sonderforschungsbereich noch mit Schwerpunktprogrammen im Förderkatalog der DFG vertreten. In mehreren Fällen wurden Einzelprojekte im Normalverfahren gefördert. Nach Auskunft der DFG wurden 1989 jedoch lediglich 15 Anträge eingereicht, die der BMT zuzuordnen sind.

Die DFG verfährt in ihrer Forschungsförderung reaktiv, d.h. es werden Anträge zu allen Themenbereichen zugelassen, ohne daß durch eine Festlegung von Schwerpunkten Prioritäten gesetzt werden. Von der DFG wird festgestellt, daß entsprechend der satzungsgemäßen Zielsetzung die Förderungswürdigkeit ausschließlich nach wissenschaftlicher Qualität beurteilt wird. Gesichtspunkte wie die mögliche Nutzung des Erkenntnisgewinnes für die Lösung nichtwissenschaftlicher Probleme spielen hierbei keine Rolle. Die DFG sieht darin eine wichtige Abgrenzung gegen die Förderziele des BMFT.

5.2 Das Bundesministerium für Forschung und Technologie BMFT

Nach dem BMFT-Förderungskatalog 1989 standen dem BMFT Mittel in Höhe von 7.607,4 Millionen DM zur Verfügung, die bis auf 62,3 Millionen DM für unterschiedliche Aufgaben der F+E-Förderung verwendet wurden. Die Steigerungsrate im Vergleich zum Vorjahr betrug 2,2%. Für den Förderbereich "Forschung und Entwicklung im Dienste der Gesundheit" wurden 333,1 Millionen DM aufgewandt, davon 155,8 Millionen DM für die direkte Projektförderung und 177,3 Millionen DM für institutionelle Förderung. Den größten Förderbetrag unter den ausgewiesenen Förderbereichen erhielt der Bereich Energieforschung und Energietechnologie mit 1.377,2 Millionen DM vor der Weltraumforschung und Weltraumtechnik mit 1.219,3 Millionen DM. Der Bereich Forschung und Entwicklung im Dienste der Gesundheit, dem die **BMT** zuzurechnen ist, lag an 8. Stelle zwischen der Materialforschung (422,3 Millionen DM) und der Biotechnologie (232,3 Millionen DM).

Anfang der 70er Jahre war, vermutlich durch die KLASMEIER-Studie angeregt, aber von einem dafür aufgeschlossenen Umfeld aufgenommen, die Entwicklung des Fachgebietes **BMT** durch eine gewisse "Aufbruchstimmung" gekennzeichnet. Sowohl von der Fachgruppe "Medizinmechanik im Verband der Deutschen Feinmechanischen und Optischen Industrie" als auch von der Fachabteilung "Medizinische Elektronik des Fachverbandes elektromedizinische und strahlentechnische Geräte im ZVEI" waren Vorschläge für die Einrichtung von Förderschwerpunkten beim BMFT ausgearbeitet worden (schon damals war in diesem Zusammenhang auf die Bedrohung der Position der deutschen Medizintechnik-Industrie am Weltmarkt durch Länder mit stärkeren F+E-Aktivitäten auf diesem Gebiet sowie durch Billiglohnländer hingewiesen worden). Auch die Deutsche Gesellschaft für Biomedizinische Technik war in vielfacher Weise in die förderpolitischen Entscheidungen beim BMFT eingebunden. So waren es vor allem Vertreter dieser wissenschaftlichen Fachgesellschaft, die eine Vorstudie anfertigten, in der die Notwendigkeit eines umfassenden Förderkonzeptes auf diesem Fachgebiet aufgezeigt wurde. Als Konsequenz hieraus wurde 1974 vom BMFT der PROGNOS AG in Basel der Auftrag zur Ausarbeitung eines längerfristigen Förderprogrammes Medizintechnik erteilt (*"Ziel der Untersuchung ist es, dem Auftraggeber eine Analyse und Prognose des Bedarfs an medizinischen Produkten und Verfahren zu geben und Entwicklungslinien für das zukünftige Angebot an neuen Produkten und Verfahren in der Bundesrepublik Deutschland aufzuzeigen, um daraus die Grundlinien für ein umfangreiches staatliches Förderungsprogramm für die medizinisch-technische Forschung und Industrie in der Bundesrepublik abzuleiten"*. In: "Vorarbeiten für ein längerfristiges Förderprogramm Medizintechnik", PROGNOS AG, Juli 1974). Da im Verlauf der PROGNOS-Untersuchung deutlich wurde, daß die Frage der

Medizintechnik nicht von allgemeinen Fragen der Gesundheitsforschung zu trennen ist, haben sich weitere Ministerien der Untersuchung angeschlossen. Als unmittelbares Ergebnis der PROGNOS-Studie wurde 1976 gemeinsam vom Bundesministerium für Jugend, Familie und Gesundheit BMJFG sowie vom BMFT das Rahmenprogramm "Forschung und Technologie im Dienste der Gesundheit" vorgestellt. Der BMFT stellte damals fest: *"In diesem Sinn bildet das vorliegende Rahmenprogramm eine forschungspolitische Leitlinie auf der Grundlage gesundheitspolitisch begründeter Prioritäten."* Dieses Programm wurde 1978 durch die Beteiligung des Bundesministeriums für Arbeit und Sozialordnung BMA erweitert und in "Forschung und Entwicklung im Dienste der Gesundheit" umbenannt.

Weitere Fortschreibungen des Programmes erfolgten 1983 und zuletzt 1988. Mit der Fortschreibung des Programmes gingen allerdings auch immer wesentliche inhaltliche Änderungen einher. In den Mittelpunkt des Programmes rückten zunehmend epidemiologische Studien (Risikofaktoren, Lebensweise, Verlaufsuntersuchungen) sowie sozialpsychologische Studien, während medizinisch-technische Problemstellungen, wie sie das Programm ursprünglich geprägt hatten, aber auch Fragen der Grundlagenforschung entsprechend dem Verständnis von **BME**, immer seltener berücksichtigt wurden. Während 1976 *"Übergreifende Forschung und Entwicklung zur allgemeinen Verbesserung des Standes von Wissenschaft und Technik im Gesundheitsbereich"* einer von vier aufgeführten Programmpunkten war, war nach der Umbenennung des Programmes 1978 die Medizintechnik nur noch in einem von zehn Programmpunkten direkt angesprochen: *"Entwicklung und Bewertung fachübergreifender Verfahren und Technologien im Gesundheitswesen"*. In dem 1988 fortgeschriebenen Programm ist die *"Technik in der Medizin"* als einer von sieben Programmpunkten erwähnt, wobei folgende Unterpunkte aufgeführt werden:

- Technologien für Diagnostik und Therapie,

- Technische Hilfen für Behinderte,

- Prüfung und Bewertung medizinischer Verfahren und Geräte.

Diese inhaltliche Wandlung wird bei einer genaueren Analyse noch deutlicher. Ausgewertet wurden dabei folgende Quellen:
(1) DAVOR - Projektausdruck BMFT vom 04.06.75 (Erfassungszeitraum 01.01.1972 - 04.06.1975);
(2) Programmreport "Gesundheitsforschung" vom BMFT, Okt. 1985 (Auswertezeitraum 01.01.1983 - 01.09.1985).

Die Zuordnung zur **BMT** wurde dabei nach den angegebenen Arbeits- und Projektthemen vorgenommen, ebenso die weitergehende Bewertung. Irrtümer sind bei diesem Verfahren also nicht in jedem Fall auszuschließen, insbesondere wenn die Projektinhalte durch das Thema nicht ausreichend beschrieben werden. Trotz dieser Einschränkung ist anzunehmen, daß die Grundtendenzen korrekt wiedergegeben werden.

Die Zahl der Projekte hat sich von 1975 bis 1985 von 111 auf 202 erhöht (+82%). Der Anteil der wissenschaftlichen Einrichtungen an den Projektnehmern veränderte sich in diesem Zeitraum von 21,6% auf 26,2%, jener der Firmen von 45% auf 50%, während der der sonstigen Forschungseinrichtungen von 27% auf 14,9% abnahm (die Differenz zu 100% erklärt sich aus den nicht zuordenbaren Projekten). Eine Unterteilung der Projekte danach, ob sie im eigentlichen Sinn Entwicklungsprojekte sind oder mehr der klinischen Anwendung (einschließlich der Bewertung) eines medizinisch-technischen Verfahrens oder Produktes dienen, ergibt, daß der Anteil der Entwicklungsprojekte von 68,5% auf 54,5% abnahm, während jener der auf Anwendung ausgerichteten Projekte von 25,2% auf 36,6% anstieg.

In beiden Auswertezeiträumen entfallen die meisten Förderprojekte auf die Gruppe "Künstliche Organe, Assistsysteme und Implantate" (ohne Biomaterialien). Im Zeitraum 1972 - 1975 lagen die Laser in der Medizin an 2. Stelle, dicht gefolgt von den Biomaterialien. Es dürfte wohl der damaligen Förderintensität zu verdanken sein, daß sowohl die Laser in der Medizin als auch die Biomaterialien inzwischen eine relativ breite klinische Anwendung gefunden haben. Im Zeitraum 1983 - 1985 lagen die bildgebenden Systeme an der 2. Stelle mit deutlichem Abstand vor den Biomaterialien. Es scheint bemerkenswert, daß jeweils die Meßwertwandler, die medizinische Informatik sowie die Datenverarbeitungs- und Kommunikationssysteme am Ende der Förderskala lagen, also Sachgebiete, denen derzeit ein hohes und noch weitgehend ungenutztes Anwendungspotential zugebilligt werden muß. In anderen Ländern (z. B. USA, Japan) werden diese Gebiete mit hoher Priorität vor allem im Grundlagenbereich gefördert, also jenem Bereich, der bei der derzeitigen Aufgabenverteilung zwischen BMFT und DFG offensichtlich nicht genügend Beachtung findet.

Die grundsätzliche Wandlung der Priorität im BMFT-Programm "Forschung und Entwicklung im Dienste der Gesundheit" wird noch deutlicher, wenn man die im Gesundheitsbereich geförderten Projekte wiederum nach den in der Themenstellung erkennbaren Zielvorgaben in folgende zwei Gruppen einteilt:

Typ-I-Projekte: Bei diesen Projekten wird bereits bei der Antragstellung das angestrebte Ziel klar festgelegt, d.h. es wird ein bestimmter "Erfolg" vorausgesagt und im Sinne der erfolgreichen Projektdurchführung auch geschuldet. Typ-I-Projekte haben in gewisser Weise "Werkvertrag-Charakter". Typische Projekte dieser Gruppe sind:

- Entwicklung neuer Geräte und Verfahren,

- Optimierung von Methoden,

- Erarbeitung von Bewertungskriterien.

Ein wesentliches Merkmal dieser Typ-I-Projekte ist wegen des vorausgesagten "Erfolges", daß sehr leicht festzustellen ist, ob und in welchem Umfang das im Antrag angegebene Ziel tatsächlich erreicht worden ist. Derartige Projekte erfordern eine relativ große Bereitschaft zum Risiko:

● beim Antragsteller, weil ihm das Nichterreichen der Zielvorgaben leicht nachgewiesen werden kann;

● bei den Gutachtern, weil ihnen im Falle des Mißerfolges nicht ausreichende Gründlichkeit und Sachkenntnis vorgehalten werden könnte;

● beim Projektträger, weil eine Liste erfolgreich geförderter Projekte eindrucksvoller ist als eine, in der auch Fehlschläge verzeichnet sind.

Typ-II-Projekte: Bei diesen Projekten wird vom Antragsteller nur Leistung, d.h. "Bemühen", angeboten. Projekte dieser Art können als Projekte mit "Dienstvertrags-Charakter" bezeichnet werden. Typische Vertreter dieser Gruppe sind:

- Therapiestudien und Verlaufsuntersuchungen;

- allgemeine Untersuchungen, insbesondere zu Risikofaktoren, Einflußfaktoren (Verhalten, Gewohnheit usw.), epidemiologische und psychosoziale Studien;

- multizentrische Studien.

Da die Verpflichtung des Antragstellers nur im Erbringen einer Leistung auf der Basis eines angemessenen Bemühens besteht, kann der erfolgreiche Projektabschluß im Regelfall immer nachgewiesen werden. Da Mißerfolge bei dieser Projektart weitgehend ausgeschlossen sind, ist bei Antragstellern, Gutachtern und Projektträgern nur eine geringe Risikobereitschaft erforderlich. Eine weitere, jedoch wesentliche Eigenschaft solcher Projekte ist, daß sie in sich bereits den Keim der Fortsetzung tragen. Nach Abschluß einer Projektphase (was nicht gleichbedeutend sein muß mit dem Abschluß einer Entwicklungs- oder Erkenntnisphase) kann auf der Basis des bisher Erreichten (und der damit verbundenen Anerkennung des Erfolges) eine noch weitergehende Studie, in die dann die schon gewonnenen Erkenntnisse nutzbringend eingebracht werden können, in Aussicht gestellt und dafür Förderung beantragt werden.

Entsprechend dieser Einteilung wurden die vom BMFT geförderten Projekte untersucht, wobei folgende Quellen verwendet wurden:

- BMFT-Förderkatalog 1977, Abschnitt D 2 "Medizinische Forschung und Medizintechnik";
- BMFT-Förderkatalog 1987, "Forschung und Entwicklung im Dienste der Gesundheit".

	Projektzahl	Typ-I	Typ-II
1977	224	173 (77,2%)	51 (22,8%)
1987	377	135 (35,8%)	242 (64,2%)

Aus diesen Zahlen wird deutlich, daß die Typ-I-Projekte nicht nur prozentual, sondern sogar absolut abgenommen haben. Hingegen stieg die Zahl der Typ-II-Projekte auf nahezu das Fünffache an.

Diese Entwicklung der Förderphilosophie ist von der **BMT** bisher nicht nachvollzogen worden. Es ist sogar zu bezweifeln, daß Typ- II-Projekte mit dem Selbstverständnis der **BMT** zu vereinbaren sind. Es gehört zum Wesen der technisch und naturwissenschaftlich orientierten Forschungsprojekte, daß sie nach einer klaren Zielvorgabe konzipiert werden und daher nahezu zwangsläufig Typ-I- Projekte sind.

Noch zwei weitere Schwerpunktverlagerungen in den Förderansätzen des BMFT haben sich für die **BMT** nachteilig ausgewirkt:

1. Es wurde die Verbundforschung eingeführt, die ihrem Wesen nach nur für Großprojekte mit mehreren Projektpartnern, u.a. auch aus dem Bereich der Industrie, angelegt ist. Projekte aus dem Fachgebiet der **BMT** besitzen nur in Ausnahmefällen die für ein Verbundprojekt geforderte Größenordnung. Eine solche Ausnahme war vor mehreren Jahren die Förderung des künstlichen Herzens.

2. Im Förderprogramm des BMFT wird zunehmend die Grundlagenforschung betont. Der Anteil der Grundlagenforschung am gesamten BMFT-Haushalt stieg von 1983 bis 1989 von 1,9 Mrd. DM (29%) auf fast 3 Mrd. DM (39%) an. Der nach ihrem Selbstverständnis in der Bundesrepublik Deutschland sehr stark anwendungsorientiert ausgerichteten **BMT** fällt es schwer, sich auf diese Prioritätensetzung einzustellen. Grundlagenforschung setzt außerdem ein langfristiges Konzept voraus. Zumindest im Bereich der Hochschulen fehlt der **BMT** jedoch das kritische Potential, das vorhanden sein muß, um Projekte in Angriff nehmen zu können, die nicht dem

ständigen Druck der Erfolgskontrolle ausgesetzt sind und bei denen nicht ständig der Verlust eingearbeiteter, qualifizierter Mitarbeiter wegen der fehlenden Perspektiven im Bereich der Hochschulen droht. Besonders nachteilig wirkt sich in dieser Beziehung aus, daß die **BMT** bisher weder durch eine Großforschungseinrichtung noch durch ein Forschungsinstitut bei einer der Wissenschaftsorganisationen (Max-Planck-Gesellschaft, Fraunhofer-Gesellschaft usw.) vertreten ist.

Die Umsetzung der direktiven Forschungsförderung beim BMFT wird im allgemeinen in der Weise vorgenommen, daß durch einen beauftragten Projektträger eine Ausschreibung erfolgt, in der Einzelheiten zu einem bestimmten Schwerpunktprogramm mitgeteilt und interessierte Antragsteller zum Einreichen von themenbezogenen Anträgen aufgefordert werden. Die folgende Zusammenstellung zeigt, welche Schwerpunktprogramme mit medizinisch-technischen Bezügen vor allem von den beiden BMFT-Projektträger DFVLR bzw. DLR und GSF im Zeitraum 1978 - 1989 zur Ausschreibung kamen:

- F+E-Vorhaben auf dem Gebiet der Rollstühle: März 1978 (DFVLR);

- F+E-Vorhaben "Modellhafte Erprobung technischer Servicezentren in Krankenhäusern": Juni 1978 (DFVLR);

- F+E-Vorhaben zur Erarbeitung und Erprobung von Prüfungs- und Bewertungsverfahren für medizintechnische Implantate und Implantatwerkstoffe: Februar 1980 (DFVLR);

- F+E-Vorhaben auf dem Gebiet der Endoprothetik in den Bereichen Knie- und Ellenbogengelenk sowie Zahn- und Wurzelimplantate: Juni 1980 (DFVLR);

- F+E-Vorhaben zur Verbesserung der Meßtechnik in der Anaesthesiologie: Februar 1981 (GSF);

- F+E-Vorhaben im Bereich der biokompatiblen Werkstoffe (Biomaterialien): März 1981 (GSF);

- F+E-Vorhaben im Bereich der Ultraschalldiagnostik: August 1981 (DFVLR);

- F+E-Vorhaben zur Verbesserung der Meßtechnik in der klinischen Chemie: April 1982 (GSF);

- F+E-Vorhaben auf dem Gebiet der Kernspintomographie: Juli 1982 (DFVLR);

- F+E-Vorhaben für Blutersatzmittel mit sauerstoff-übertragender Funktion: Juni 1983 (GSF);

- F+E-Vorhaben zur klinischen Erprobung neuer Diagnoseverfahren auf der Basis biomagnetischer Signale: Oktober 1983 (DFVLR);

- F+E-Arbeiten zur Erhöhung der Langzeitstabilität von Endoprothesen durch Verbesserung des Verbunds Knochen/Implantat: März 1984 (DFVLR);

- Vorhaben zur Entwicklung und Qualitätssicherung von Analyseverfahren an Reagenzträgern: April 1984 (DFVLR);

- F&E-Vorhaben im Bereich der biokompatiblen Werkstoffe (Biomaterialien) zur Anwendung in der Augenheilkunde: November 1984 (GSF);

- Forschungsschwerpunkt "Biomaterialien und Hämokompatibilität": März 1985 (Universität Giessen);

- F+E-Vorhaben zur Optimierung therapeutischer und diagnostischer chirurgischer Verfahren mit Hilfe der Endoskopie: Dezember 1985 (DFVLR);

- F+E-Vorhaben im Bereich der Lungen- und Atemwegserkrankungen: März 1987 (DFVLR);

- F+E-Vorhaben zur Funktionsunterstützung des Blutes: Januar 1988 (GSF);

- F+E-Vorhaben auf dem Gebiet der Positronenemissionstomographie: Juni 1988 (DFVLR);

- F+E-Vorhaben zur Verbesserung der Sensoranwendung in der Medizin: Oktober 1988 (GSF);

- F+E-Vorhaben zu Hilfen für Hörgeschädigte: Februar 1989 (DLR);

- F+E-Vorhaben zur Bildverarbeitung für Diagnostik und Therapie: Juni 1989 (DLR).

Von diesen 22 Schwerpunkten der direktiven Forschungsförderung lassen sich 8 dem Problemkreis "Biomaterialien", 4 dem der "bildgebenden Verfahren" sowie je 2 dem der klinisch-chemischen Analytik, der technischen Rehabilitationshilfen und der speziellen Meßtechnik in der Medizin zuordnen.

5.3 Schlußbemerkung

Im Hinblick auf die Bedeutung der F+E-Förderung für die **BMT** erscheint es angebracht, hier noch einige abschließende Bemerkungen anzufügen:

1. Die derzeitige F+E-Förderung mit dem Übergewicht der direktiven Förderung, der Betonung von langfristig konzipierter Grundlagen- und Verbundforschung, der Konzentration auf Typ-II-Projekte und der fehlenden Mitwirkungsmöglichkeit in Entscheidungs- und Begutachtungsgremien sind für sich schon jeweils Faktoren, die sich nachteilig für die **BMT** auswirken. In ihrer Gesamtheit ist sicher einer der Gründe für jene Situation zu sehen, die letztlich zum Beschluß der Mitgliederversammlung der DGBMT geführt hat, eine solche Statusanalyse anzufertigen.

2. Zur Unterstützung der F+E-Förderung beim BMFT sind Beratergremien (Sachverständigenkreise, Gutachterausschüsse, ad hoc-Ausschüsse, Gesprächskreise) eingerichtet, deren personelle Besetzung jährlich veröffentlicht wird. Im Beratungsplan 1980 sind insgesamt 78 solcher Ausschüsse mit namentlicher Besetzung aufgeführt, hinzu kommen weitere 41 Beratergremien für die Projektträgerschaften. Namentlich wurden ca. 950 dieser externen Berater erwähnt. Im Vorwort zu diesem Beratungsplan 1980 stellte der damalige Bundesminister für Forschung und Technologie Dr. Hauff fest: "Eine erfolgreiche, an gesellschaftlichen, wirtschaftlichen und politischen Zielen orientierte Forschungs- und Technologiepolitik ist ohne sachverständigen Rat nicht möglich. Einem in Personalausstattung und Spezialisierungsvermögen stets begrenzten Ministerium erschließt die Zusammenarbeit mit Sachverständigen das notwendige externe Wissen und den Zugang zu dem neuesten Stand der wissenschaftlichen und technischen Erkenntnisse. . . . Ohne die Hilfe externer Berater kann das Ministerium voraussehbare gesellschaftliche und wirtschaftliche Folgen seiner Forschungs- und Technologiepolitik kaum ausreichend bewerten." Von den 78 BMFT-Beratergremien waren fünf (sowie drei weitere, die 1980 noch nicht besetzt waren) eindeutig mit Themen der **BMT** befaßt. In der Beratungsübersicht 1990 sind noch 25 Beraterausschüsse mit namentlicher Besetzung aufgeführt. Keiner dieser Ausschüsse ist schwerpunktsmäßig mit Themen der **BMT** befaßt. Da

einige der Ausschüsse als Beratergremien für die Projektträgerschaften bezeichnet werden, bedeutet das im Vergleich zu 1980 eine Verminderung der Beratergremien von 119 auf 25 entsprechend 21%, bezüglich der **BMT** sogar auf 0%. Die Zahl der Berater wurde 1990 auf etwa 240 reduziert. Unklar ist, um wieviel die Anzahl der Mitarbeiter bei den Projektträgerschaften, d.h. die Zahl der bürokratischen Amtshelfer, in derselben Zeit angestiegen ist.

Dem Antragsteller wurde früher zumeist Gelegenheit geboten, seinen schriftlich eingereichten Antrag vor dem Ausschuß zu vertreten und eventuell zu verbessern. Heute werden Ablehnungsbescheide sowohl von den Projektträgern des BMFT (die es in der überaus erfolgreichen Anfangsphase überhaupt nicht gegeben hat, wissenschaftliche Projektbegleitung wurde teilweise von fachkundigen Wissenschaftlern im Auftrag des BMFT wahrgenommen) als auch von der DFG zumeist ohne nähere Begründung (Dreizeiler) mitgeteilt. Nicht nur die früheren Erfahrungen, sondern auch die in anderen Ländern gemachten Erfahrungen zeigen jedoch sehr deutlich, daß nach einer begründeten vorläufigen Ablehnung mit der Möglichkeit der Überarbeitung und erneuter Vorlage die Qualität der Projekte häufig gesteigert werden kann. Dieses Vorgehen entspricht übrigens jenem bei renommierten wissenschaftlichen Zeitschriften, die dem Autor im Regelfall die Gelegenheit geben, Einwände gegen seine Arbeit zu berücksichtigen. Es wäre dringend zu wünschen, daß BMFT und DFG ihr Verhalten in dieser Beziehung ändern. Auch Projektträger und Gutachter sollten sich der wissenschaftlich begründeten Kritik an ihren Entscheidungsmaßstäben und -kriterien dadurch stellen, daß sie ihre Entscheidungen begründen und Gegendarstellungen zulassen.

3. Zur Forschungsförderung gehören Risikobereitschaft und die Fähigkeit, Kreativität freizusetzen (der Bundesminister für Forschung und Technologie Dr. Riesenhuber stellte 1983 in seinem Grußwort im BMFT-Journal Nr. 1 fest: "Aber weder das Reden über die Probleme noch der laut tönende Ruf nach staatlichem Handeln tragen eigentlich zur Überwindung der heute sichtbaren Engpässe bei: Notwendig ist vielmehr die Freisetzung aller kreativen Kräfte, ... Die erforderlichen Freiräume und Anreize für kreatives Handeln zu schaffen und zu erhalten, sehe ich als eine vordringliche Aufgabe an." Und im BMFT-Journal Nr. 3 von 1984 führte Dr. Riesenhuber aus: "Zentraler Ausgangspunkt des forschungs- und technologiepolitischen Konzepts der Bundesregierung ist daher, Ansporn und Freiraum für wissenschaftliche Kreativität und Leistung zu geben."). Wenn Forschungsförderung nur auf gesicherten Fundamenten aufgebaut wird und sich die Risikobereitschaft ledig-

lich darin äußert, Elemente der Extrapolation und der schrittweisen Ausdehnung der Grenzen des gesicherten Wissens zuzulassen, fehlt ihr die Fähigkeit, die originelle Kreativität zu stimulieren. Wo Kreativität als erhöhtes Risiko für die erfolgreiche Durchführung eines F+E-Projektes angesehen wird, hat Forschungsförderung ihre Ziele bereits verfehlt. Die Entwicklung der berührungslosen Steinzertrümmerung (Lithotripsie) war ein mit erheblichen Entwicklungsrisiken behaftetes Vorhaben, aber ein wirklicher Schritt auf Neuland. Forschungsförderung sollte geradezu darauf angelegt sein, vergleichbar innovative Projekte zu provozieren.

6. FACHGESELLSCHAFTEN MIT BEZUG ZUR BMT

Wissenschaftliche Fachgesellschaften übernehmen in unserer Gesellschaft ohne Auftrag und ohne weitere Interessensbindung die Aufgabe, die Entwicklung des jeweiligen Fachgebietes zu fördern, zur Pflege und Erweiterung seiner Wissensinhalte in Forschung, Entwicklung, Lehre und Anwendung beizutragen und die Zusammenarbeit der "scientific community" auf diesem Fachgebiet zu unterstützen. Die Ziele solcher Gesellschaften sind entsprechend dem Vereinsrecht in einer Satzung festgelegt. Sofern diese Satzung bestimmten Anforderungen genügt, erhalten die Gesellschaften den Status der Gemeinnützigkeit, der regelmäßig durch die satzungsgemäße Mittelverwendung vor dem zuständigen Finanzamt nachgewiesen werden muß. Den meisten Gesellschaften stehen zur Wahrnehmung der übernommenen Aufgaben lediglich die Mitgliedsbeiträge zur Verfügung. Eine Finanzierung, die jener der politischen Parteien vergleichbar wäre, gibt es für wissenschaftliche Gesellschaften nicht.

Das Spektrum der wissenschaftlichen Fachgesellschaften wird häufig durch Organisationen ergänzt, die ebenfalls einen Gemeinnützigkeitsstatus nach dem Vereinsrecht haben können, jedoch Aufgaben wahrnehmen, die über das oben erläuterte Spektrum hinausgehen. Dazu kann die Vertretung standespolitischer oder sonstiger Aufgaben gehören. Die Abgrenzung gegen wissenschaftliche Fachgesellschaften ist nicht immer eindeutig möglich.

Die eigentliche wissenschaftliche Fachgesellschaft für **BMT** ist die Deutsche Gesellschaft für Biomedizinische Technik e.V. (DGBMT). Darüberhinaus gibt es eine Reihe von Gesellschaften, zu denen teilweise fachliche Überschneidungen vorhanden sind.

6.1 Deutsche Gesellschaft für Biomedizinische Technik e.V. (DGBMT)

Die Deutsche Gesellschaft für Biomedizinische Technik e.V. entstand vereinsrechtlich am 29.10.1971. Vorausgegangen war 1961 die Gründung der Deutschen Gesellschaft für Medizinische und Biologische Elektronik e.V. (Gründungsvorsitzende: Prof. B. Rajewsky und Prof. H.W. Knipping) sowie 1970 der Gesellschaft für Biomedizinische Technik e.V. (Gründungsvorsitzender: Prof. H. Blenke). 1971 kam es dann unter den damaligen Vorsitzenden Prof. S. Effert (DGMBE) und Prof. H. Blenke (GBMT) zum Zusammenschluß, der durch Umbenennung der DGMBE in DGBMT bei gleichzeitiger Auflösung der GBMT vollzogen wurde. Die DGBMT ist somit in rechtlichem Sinn die Nachfolgerin der DGMBE und kann in diesem

Jahr auf ihr dreißigjähriges Bestehen zurückblicken. Ihren jetzigen Namen führt die DGBMT seit genau zwanzig Jahren.

Die Entwicklung des Fachgebietes **BMT** in der Bundesrepublik Deutschland spiegelt sich in vielen Faktoren wider. Einer dieser Faktoren ist die Zahl der Mitglieder in der Fachgesellschaft. Nach dem Zusammenschluß der beiden Gesellschaften betrug die Mitgliederzahl 325 (Stand 08.02.1972) und wuchs in den folgenden Jahren, die durch die Auswirkungen der KLASMEIER-Studie und die rege Forschungsförderungsaktivitäten des BMFT gekennzeichnet waren, rasch auf 531 an (Stand 10.10.1975). Danach nahm die jährliche Zuwachsrate allmählich ab und hält sich inzwischen etwa die Waage mit den Abgängen, wobei die Mitgliederzahl um 600 herumpendelt.

Bereits 1958 war in Paris die International Federation for Medical Electronics (IFME) gegründet worden, die später zur heutigen International Federation for Medical and Biological Engineering (IFMBE) umgewandelt worden ist. Für 1991 ist die Gründung einer European Society for Biomedical Engineering beabsichtigt.

Die DGBMT hat zur Zeit etwas mehr als 600 Mitglieder, darunter sind etwa 5% Ausländer. Ihre satzungsgemäße Zielsetzung sieht die Förderung der Zusammenarbeit von Naturwissenschaften, Ingenieurwissenschaften und Medizin in Forschung, Entwicklung, Anwendung und Lehre sowie das allgemeine Verständnis für dieses interdisziplinäre Fachgebiet vor. Die Verwirklichung dieser Zielsetzung soll u.a. durch Mitwirkung und Beratung im einschlägigen Bildungswesen und in der Forschung, die Förderung des wissenschaftlichen Nachwuchses, die Vertretung aller Belange der **BMT** gegenüber öffentlichen Stellen, die Durchführung wissenschaftlicher Tagungen und Kongresse, darunter eine Jahrestagung mit gleichzeitig durchgeführter Mitgliederversammlung sowie durch die Zusammenarbeit mit in- und ausländischen Fachgesellschaften erreicht werden. Die DGBMT ist nicht auf dem Gebiet der standes- oder berufspolitischen Interessensvertretung tätig.

Zur Förderung des wissenschaftlichen Nachwuchses wurde ein aus Mitgliedsbeiträgen finanzierter Preis eingerichtet, der alle zwei Jahre ausgeschrieben und vergeben wird.

Die DGBMT ist Mitglied der IFMBE, die ihrerseits zusammen mit der International Organisation for Medical Physics (IOMP) die International Union for Physical & Engineering Sciences in Medicine (IUPESM) bildet und über diese Organisation der UNESCO angeschlossen ist. IFMBE und IOMP veranstalten seit 1979 regelmäßig in dreijährigem Turnus gemeinsame Weltkongresse. Der Weltkongreß 1982 (13. ICMBE und 6. ICMP) fand in Hamburg statt und war von der DGBMT zusammen mit der Deutschen Gesellschaft für Medizinische Physik DGMP organisiert worden. Mitglieder der DGBMT sind in den letzten Jahren verschiedentlich in Gremien der IFMBE gewählt worden.

1990 wurde die 2. North Sea Conference on Biomedical Engineering abgehalten, an deren Vorbereitung Vertreter der DGBMT ebenfalls mitgewirkt haben. Ferner haben Mitglieder der DGBMT wesentlichen Anteil an der Vorbereitung der 1991 veranstalteten 1. European Conference on Biomedical Engineering.

Ein besonders enges Verhältnis hat die DGBMT mit der Österreichischen und mit der Schweizer Gesellschaft für Biomedizinische Technik. Alle drei Jahre wird die wissenschaftliche Jahrestagung als gemeinsame Veranstaltung durchgeführt. Vertreter dieser beiden Gesellschaften sitzen im Beirat der DGBMT.

Auch mit verschiedenen inländischen Gesellschaften hat die DGBMT besondere Vereinbarungen, wonach diese Gesellschaften Vertreter in den Beirat der DGBMT entsenden können. Damit soll eine fachgebietsübergreifende Zusammenarbeit bei Themen von beiderseitigem Interesse, die Abstimmung bestimmter Aktivitäten und die terminliche Abstimmung bei Veranstaltungen erleichtert werden.

Ein Spiegelbild der vielfältigen Aktivitäten der DGBMT sind die Fachgruppen, die sich mit besonderen Themen innerhalb der **BMT** befassen. Diese Fachgruppen können aktuelle Themen innerhalb ihres Interessensgebietes in eigenen Symposien und Workshops aufgreifen. Solche Fachgruppen können auch zusammen mit anderen Fachgesellschaften gebildet werden. Eine gemeinsame Fachgruppe besteht z.B. mit der Informationstechnischen Gesellschaft im VDE.

6.2 Andere fachzugeordnete Organisationen

6.2.1 Fachverband Biomedizinische Technik e.V. (fbmt)

Dem fbmt gehören zur Zeit etwa 300 Mitglieder an, vornehmlich aus dem Bereich der Fachhochschulabsolventen. Entstanden ist der fbmt aus einem Zusammenschluß von Medizintechnikern in den Krankenhäusern. Seine Aufgaben sieht der fbmt in erster Linie in der Wahrnehmung standes- und berufspolitischer Interessen seiner Mitglieder, im Bereich der fachbezogenen Fort- und Weiterbildung sowie in der Mitarbeit auf dem Gebiet der Normung und Rechtsverordnungen (z. B. MedGV).

6.2.2 Fachvereinigung Krankenhaustechnik e.V. (FKT)

Die FKT ist als eine Vereinigung der technischen Leiter im Krankenhaus
entstanden. Zu seinen ca. 1400 Mitgliedern gehören heute aber auch Vertreter von Behörden und Industrie. Innerhalb der FKT gibt es ein Referat
Medizintechnik. Ihre Aufgaben sieht die FKT in der Fort- und Weiterbildung, in der Durchführung von Fachveranstaltungen und in der Zusammenarbeit mit Behörden und sonstigen Einrichtungen.

6.2.3 Wissenschaftliche Gesellschaft für Krankenhaustechnik e.V. (WGKT)

Die WGKT als kleine Gesellschaft (ca. 50 Mitglieder) sieht ihre Hauptauf-
gabe in der wissenschaftlichen Begleitung der Entwicklung auf dem Gebiet
der Krankenhaustechnik, in der Zusammenarbeit mit Behörden und anderen Einrichtungen sowie in der Förderung des Informationsaustausches.

6.2.4 Deutsche Gesellschaft für Medizinische Physik e.V. (DGMP)

Die DGMP entspricht als wissenschaftliche Fachgesellschaft in vielfacher
Beziehung der DGBMT. Ihr Interessensgebiet ist die Medizinische Physik,
insbesondere im Bereich der bildgebenden Systeme. Viele ihrer etwa 700
Mitglieder sind in radiologischen Kliniken tätig. Ihre Aufgaben sieht die
DGMP in der wissenschaftlichen Entwicklung ihres Fachgebietes, in der
Fort- und Weiterbildung, in der Förderung des wissenschaftlichen Nachwuchses sowie in der Zusammenarbeit mit Behörden und anderen Einrichtungen. Da eine scharfe Trennung von medizinischer Physik und
biomedizinischer Technik nicht möglich ist, gibt es teilweise Interessens-
überschneidungen zwischen DGMP und DGBMT.

6.2.5 Deutsche Gesellschaft für Medizinische Dokumentation, Informatik und Statistik e.V. (GMDS)

Auch die GMDS versteht sich als wissenschaftliche Fachgesellschaft mit
den Hauptaufgaben der Förderung der Wissenschaft auf dem Fachgebiet,
der fachlichen Fort- und Weiterbildung der Mitglieder, der Mitarbeit in
Fragen der Normung und Standardisierung sowie in der Zusammenarbeit
mit Behörden und anderen Einrichtungen. Die etwas mehr als 1000 Mitglieder der GMDS kommen überwiegend aus dem Bereich der klinischen
und klinisch-theoretischen Einrichtungen, aber auch von Behörden und
Industrie. Fachliche Überschneidungen mit der DGBMT gibt es vor allem
auf dem Gebiet der medizinischen Informatik, insbesondere der Signal-

und Datenverarbeitung, der bildgebenden Verfahren und der entscheidungsunterstützenden Systeme.

6.2.6 Gesellschaft für Erfahrungstransfer in der Biomeßtechnik e.V. (GETB)

Das Ziel der GETB ist die Vermittlung von Kenntnissen und Erfahrungen auf dem Gebiet der Meßtechnik, speziell im Zusammenhang mit Physiologie und Pharmakologie. Zu diesem Zweck veranstaltet die GETB Seminare und veröffentlicht Berichte und Arbeitsanleitungen. Der GETB gehören etwa 100 Mitglieder an.

6.2.7 Gesundheitstechnische Gesellschaft e.V. (GG)

Die GG ist ein Zusammenschluß von etwa 480 Fachleuten auf dem Gebiet der Gesundheitstechnik, insbesondere der Hygiene- sowie der Ver- und Entsorgungstechnik.

6.2.8 Forschungsgesellschaft für Biomedizinische Technik e.V.

Diese Forschungsgesellschaft ist Träger des Helmholtz-Institutes für Biomedizinische Technik an der RWTH Aachen. Ihr gehören Einrichtungen des Landes Nordrhein-Westfalen, der Stadt Aachen, der RWTH Aachen sowie anderer Organisationen an. Das Ziel ist die Förderung der Zusammenarbeit auf dem Gebiet der BMT.

6.2.9 Gesellschaft für Biomedizinische Technologien in Ulm e.V.

Bei dieser Gesellschaft handelt es sich um den Zusammenschluß mehrerer Firmen der Medizintechnik mit dem Ziel, die Zusammenarbeit auf dem Fachgebiet insbesondere mit dem neu gegründeten Zentralinstitut für Biomedizinische Technik an der Universität Ulm, mit weiteren Einrichtungen der Universität Ulm sowie mit der Fachhochschule Ulm zu fördern. Die Gesellschaft sieht ihre Aufgaben insbesondere in der Förderung der Zusammenarbeit auf dem Gebiet der prä-kompetitiven Forschung.

6.2.10 Deutsche Gesellschaft zur Förderung der Medizinischen Diagnostik e.V.

Hierbei handelt es sich in erster Linie um einen Trägerverein zur Durchführung der MEDICA, einer Veranstaltung, die jährlich als medizinische Fortbildungsveranstaltung (ca. 17 000 Teilnehmer insbesondere aus dem Bereich der niedergelassenen Ärzte) sowie als weltgrößte Ausstellung an medizin-technischen Produkten (ca. 100 000 Besucher vornehmlich aus dem Bereich der niedergelassenen Ärzte und der Heilhilfsberufe) durchgeführt wird. Die medizin- technische Industrie ist im Ausstellerbeirat, die DGBMT im wissenschaftlichen Beirat vertreten.

6.2.11 Verein Deutscher Ingenieure (VDI) und Verband Deutscher Elektrotechniker (VDE)

Die beiden großen ingenieurwissenschaftlichen Vereinigungen sind in Fachgesellschaften gegliedert, wobei es sich teilweise um gemeinsame Fachgesellschaften handelt (z.B. die VDE/VDI Gesellschaft für Mikroelektronik GME). Dem VDI gehören etwa 100 000 Mitglieder, dem VDE etwa 33 000 Mitglieder an, wobei es sich in erster Linie um Ingenieure, Wissenschaftler und Vertreter von Behörden und anderen Einrichtungen handelt (z.B. Bundesbahn, Bundespost). Das Interesse dieser Vereinigungen an Fragen der Medizintechnik war schon immer sehr groß. So wurde der Kongreß Medizin-Technik 1972 in Stuttgart von der Gesellschaft für Biomedizinische Technik in Verbindung mit mehreren anderen Vereinigungen durchgeführt, zu denen auch der VDI und der VDE gehörten. Bereits 1974 gab es einen VDI-GVC-Fachausschuß "Medizinverfahrenstechnik" gemeinsam mit der DGBMT. Noch immer existiert der fast genauso alte gemeinsame Fachausschuß mit der Informationstechnischen Gesellschaft ITG (früher: Nachrichtentechnische Gesellschaft NTG) im VDE. Erst vor einiger Zeit wurde beim VDI ein Arbeitskreis "Medizinische Technik" eingerichtet, außerdem besteht dort ein Arbeitskreis "Biomechanik". Da es bisher in der Bundesrepublik Deutschland keine wissenschaftlich-technische Organisation gibt, die der IEEE Engineering in Medicine and Biology Society entspricht, d.h. die ihre vorrangige Zielgruppe in den medizin-technischen Ingenieuren bei der Industrie sieht, könnte sich für den VDI/VDE eventuell die Frage nach einer weitergehenden Interessensvertretung stellen. Zu solchen Überlegungen könnte die Tatsache beitragen, daß die IEEE Engineering in Medicine and Biology Society 1992 erstmals ihre Annual International Conference in Europa (Paris) veranstalten wird. Diese und andere Hinweise lassen darauf schließen, daß IEEE (Institute of Electric and Electronic Engineers) eigene Organisationen in Europa aufbauen will, zu denen dann auch eine Fachgesellschaft auf dem Gebiet der **BME** zählen könnte. Allerdings laufen solche Bestrebungen parallel zu den Bemühungen der "Föderation der Nationalen Elektrotechnischen Vereinigungen Westeuropas (EUREL)", die bereits bestehenden nationalen Gesellschaften bzw. Vereinigungen in einem eigenen Dachverband zusammenzuführen.

7. BMT IM BEREICH DER WISSENSCHAFTLICHEN EIN-RICHTUNGEN

Die Institutionalisierung der **BMT** hat seit der von KLASMEIER erstellten Studie zur Situation der **BMT** erhebliche Fortschritte gemacht. KLASMEIER konnte 1969 nur eine einzige Abteilung (Abt. für Kinderkardiologie und Biomedizinische Technik, Christian-Albrechts-Universität Kiel) benennen. Inzwischen sind mehrere Institute bzw. Abteilungen an wissenschaftlichen Hochschulen und Fachgebiete an Fachhochschulen eingerichtet worden. Während es jedoch im Anschluß an die KLASMEIER-Studie eine richtige "Gründungsphase" gab, sind in den letzten Jahren nur noch vereinzelte Neugründungen (Homburg, Ulm) erfolgt.

7.1 BMT an den wissenschaftlichen Hochschulen

Die nachfolgende Darstellung bezieht sich zunächst auf die Situation in den Altbundesländern. Die Auflistung erfolgt in alphabetischer Reihenfolge. Die angegebenen Forschungsschwerpunkte wurden durch einen 1989 versandten Fragebogen bzw. (für Giessen und Karlsruhe wegen Nichtbeantwortung der Anfrage) aus der Broschüre "Studien- und Forschungsmöglichkeiten in der BMT" (Aufl. 1987) bzw. im Falle der Neugründung Ulm aus den zugänglichen Planungsunterlagen ermittelt:

Aachen: Helmholtz-Institut für Biomedizinische Technik an der
Rheinisch-Westfälischen Technischen Hochschule Aachen
(RWTH)
- Biomechanik
- Herz-Kreislaufsystem
- Ergonomie in der Medizin
- Biophysikalische Meßtechnik
- Kryokonservierung von lebenden Zellen

Berlin: Institut für Feinwerktechnik und Biomedizinische Technik,
TU Berlin
- Orthopädie-Technik
- Rehabilitationstechnik
- technische Kommunikationshilfen
- Prüfverfahren für medizin-technische Geräte

Erlangen: Zentralinstitut für Biomedizinische Technik, Friedrich-
Alexander-Universität Erlangen-Nürnberg

- Biomaterialien
- Biomechanik
- Sensorik (Oberflächenreaktionen an Halbleitermaterialien)
- Signalanalyse
- Mikroelektronik

Giessen: Institut für Medizinische Technik, Justus-Liebig-Universität
Giessen
- Clinical Engineering
- Elektrische Sicherheit
- Herzschrittmacher

Hannover: Institut für Biomedizinische Technik und Krankenhaustech-
nik, Medizinische Hochschule Hannover
- Monitoring und Telemetrie
- Endoskopie
- Physiologische Grundlagenforschung
- Hygienetechnik
- Krankenhaustechnik (techn. Gebäudeausrüstung, Instandhal
tung)

Homburg/Saar: Institut für Medizintechnik, Universität des Saarlandes,
Homburg - Saarbrücken
- Mikrosensorik und Meßtechnik
- Informationsverarbeitung
- Biophysikalische und biochemische Grundlagenforschung

Karlsruhe: Institut für Biokybernetik und Biomedizinische Technik,
Universität Karlsruhe
- Biologische Systemanalyse
- Funktionelle Elektrostimulation
- Feldausbreitung in biologischen Medien
- Biosignal-Analyse
- Biomedizinische Meßtechnik

Kiel: Abteilung für Kinderkardiologie und Biomedizinische Technik,
Christian-Albrechts-Universität Kiel
- kardiologische Bildverarbeitung
- kardiologische Datenerfassungssysteme
- kardiologische und pädiatrische Grundlagenforschung

Ulm: Zentralinstitut für Biomedizinische Technik, Universität Ulm
- Biomaterialien
- Sensorik und Biosignalverarbeitung
- medizinisch-technische Systemforschung

Stuttgart: Institut für Biomedizinische Technik, Universität Stuttgart
- Bild- und Signalverarbeitung
- Biotechnologie
- Labormethoden
- Lithotripsie

Drei der genannten Einrichtungen (Berlin, Karlsruhe und Stuttgart) sind ingenieurwissenschaftlichen Fakultäten an Universitäten ohne medizinische Fakultät und vier weitere (Giessen, Hannover, Homburg und Kiel) der medizinischen Fakultät an Universitäten ohne ingenieurwissenschaftliche Fakultäten angeschlossen. Lediglich zwei Einrichtungen (Aachen und Erlangen) befinden sich an Universitäten mit sowohl medizinischer als auch ingenieurwissenschaftlichen Fakultäten. Ulm verfügt bisher über eine medizinische Fakultät, die ingenieurwissenschaftlichen Fakultäten befinden sich in der Aufbauphase.

Die BMT-Einrichtungen in Aachen, Erlangen, Giessen und Hannover sind als unmittelbare Folge der mit Mitteln der VW-Stiftung finanzierten KLASMEIER-Studie und mit finanzieller Starthilfe der VW-Stiftung (und Übernahmeverpflichtung der Universitäten) aufgebaut worden. Der Übernahmeverpflichtung in Aachen wurde durch die Gründung einer Forschungsgesellschaft als Trägerorganisation entsprochen.

Auch die Einrichtung des Institutes für BMT in Stuttgart 1968 wurde zunächst durch einen eigenen Rechtsträger INGEST (Institutsgemeinschaft der Universität Stuttgart e.V.) in der Form eines "an"-Institutes vorgenommen. Erst später erfolgte die Übernahme zum "in"-Institut.

Ein in privater Trägerschaft gegründetes Institut für BMT in München ist heute nicht mehr auf diesem Arbeitsgebiet tätig.

Das älteste Institut ist jenes in Karlsruhe, das bereits 1963 als Institut für Elektrobiologie und Biophysikalische Meßtechnik gegründet und 1970 in Institut für Biokybernetik und Biomedizinische Technik umbenannt worden ist.

Nicht alle Einrichtungen haben den Status eines "Instituts der Universität". Berlin ist ausgewiesen als "Fachgebiet in einem Institut", Hannover als Abteilung an der Medizinischen Hochschule und Kiel ebenfalls als Abteilung, wobei eine Abteilung organisatorisch zumeist einem "Zentrum" zugeordnet ist. Das Institut für Medizintechnik in Homburg ist zugleich eine Einrichtung der Fraunhofer-Gesellschaft und mit dem Fraunhofer-Institut für zerstörungsfreie Prüfverfahren gekoppelt. Bei der Neugründung des Zentralinstituts in Ulm gab es eine lange Phase der Überlegung, ob es als Institut "an" oder "in" der Universität gegründet werden soll, wobei offensichtlich inzwischen die Entscheidung zugunsten des "in"-Status gefallen ist.

Die 1989 durchgeführte Umfrage, an der sich mit Ausnahme von Giessen und Karlsruhe (und der damals noch nicht existenten Neugründung Ulm) alle genannten Einrichtungen beteiligt haben, zeigt folgendes durchschnittliches Institutsprofil:

7.1.1 Forschung

Die Institute sind im allgemeinen wegen ihrer personellen und finanziellen Ausstattung nicht in der Lage, übergreifende Themen oder längerfristig angelegte Forschungsprojekte zu bearbeiten. Bei den Forschungsaktivitäten handelt es sich daher überwiegend um kleine, von der Aufgabenstellung her klar definierbare Vorhaben.

Die Finanzierung der Projekte erfolgt sowohl aus institutseigenen als auch aus Drittmitteln. Die personellen Mittel werden dabei zu 40-50% von Einrichtungen der Forschungsförderung (DFG, BMFT etc.) und sonstigen Geldgebern (z.B. Industrie) eingeworben. Für etwa 60% der mit Drittmitteln derzeit durchgeführten 24 F+E- Projekte kommen die Mittel weder vom BMFT noch von der DFG, sondern von sonstigen Geldgebern. Im Mittel werden 89% der für ein Projekt anfallenden Kosten durch den Drittmittel-Geldgeber übernommen.

Die Kosten der drittmittelfinanzierten Projekte verteilen sich wie folgt:
- Personalkosten 80%
- Investitionsmittel 9%
- Sach- und Verbrauchskosten 11%.

Hieraus wird vor allem die Bedeutung einer ausreichenden Ausstattung mit normalen Haushaltsmitteln für investive Anschaffungen deutlich, da diese zur Grundausstattung gehörenden Einrichtungen nur in Ausnahmefällen über Drittmittel beschafft werden können.

Die Kosten für die Einrichtung sowie den Unterhalt eines wissenschaftlichen bzw. nicht-wissenschaftlichen Arbeitsplatzes an universitären BMT-Instituten werden folgendermaßen angegeben:

Kosten für die Einrichtung eines Arbeitsplatzes
      - für einen wissenschaftlichen Mitarbeiter   86 000 DM
      - für einen nicht-wissenschaftlichen Mitarbeiter 45 000 DM

Kosten für Sachausgaben, Verbrauch, Geschäftsbedarf pro Jahr
  - für einen wissenschaftlichen Mitarbeiter   19 500 DM
  - für einen nicht-wissenschaftlichen Mitarbeiter   9 000 DM

Die Durchführung der meisten Projekte erfolgt in Zusammenarbeit mit anderen wissenschaftlichen Einrichtungen. An erster Stelle der Kooperationspartner stehen medizinische Einrichtungen wie Universitätskliniken oder Krankenhäuser (62%). An zweiter Stelle stehen mit 46% andere wissenschaftliche Institute, an dritter Stelle mit 38% die Industrie (bei vielen Projekten wird gleichzeitig mit mehreren Partnern zusammengearbeitet).

Nur die Hälfte aller derzeit bearbeiteten Drittmittel-Projekte sind Folgeprojekte in Zusammenhang mit einem vorangegangenen F+E-Vorhaben. Für 65% der laufenden Projekte wird ein Folgeprojekt (Stellung eines Fortsetzungsantrages, Projektverlängerung usw.) geplant.

Die Erfolge der drittmittelfinanzierten Forschung werden durch die Zahlen der angefertigten Publikationen verdeutlicht. Aus den in die Auswertung einbezogenen 24 Projekten entstanden bisher 45 Diplomarbeiten, 32 Dissertationen, 176 Publikationen und 15 Patentanmeldungen.

7.1.2 Lehre

Praktisch wird von allen Instituten eine Vielfalt unterschiedlicher, **BMT**-bezogener Lehrveranstaltungen angeboten. Die Unterrichtsveranstaltungen wenden sich in erster Linie an Studenten der Ingenieurwissenschaften, die sich auf diesem Weg mit der besonderen Problematik biomedizinisch-technischer Fragestellungen und des Einsatzes moderner Technik in der Medizin vertraut machen wollen. Diese Lehrveranstaltungen stellen jedoch im allgemeinen nur eine Ergänzung (Nebenfach, Vertiefungsfach, Aufbaustudium) des normalen ingenieurwissenschaftlichen Studiums dar. An keiner Hochschule wird ein vollständiger Studiengang zur **BMT** geboten.

BMT-Lehrveranstaltungen innerhalb der medizinischen Fakultät beziehen sich zumeist auf spezielle Themen und werden nur in wenigen Fällen angeboten. Die Ausbildungsordnung für Mediziner sieht keine Pflicht-Lehrveranstaltung vor, die sich in besonderer Weise mit medizin-technischen Lehrinhalten beschäftigt. Auf einem Seminar "Medizintechnik in die Mediziner-Aus- und Fortbildung?", das 1987 in Hannover stattfand, wurde übereinstimmend von Vertretern verschiedener klinischer Fachgebiete sowie des Fachgebietes **BMT** festgestellt, daß die derzeitige Situation unbefriedigend und nicht geeignet sei, jene inhaltlichen Zielvorstellungen der Medizingeräteverordnung (MedGV) von 1985 zu erfüllen, in denen erhebliche Anwenderkenntnisse im Umgang mit medizin-technischen Geräten verlangt werden. Gefordert wurden damals:

- eine Einschränkung der Pflicht-Lehrveranstaltung "Physik für Mediziner" auf das für Mediziner notwendige und relevante Wissen, dafür Aufnahme von grundsätzlichen medizin-technischen Lehrinhalten, z.B. Grundprinzipien meßtechnischer Verfahren von diagnostischer Relevanz, Gefahren im Umgang mit medizin-technischen Geräten, Regelung als Grundlage des Verständnisses vieler physiologischer (und pathophysiologischer) Vorgänge;
- Betonung medizin-technischer Elemente im klinischen Studium, insbesondere durch anwendungsnahe Gerätedemonstrationen;
- Integration medizin-technischer Ausbildungsinhalte in die Fort- und Weiterbildung.

Die Situation hat sich seit damals nicht geändert!

Im Durchschnitt werden von den oben aufgezählten Instituten 3 bis 4 fachbezogene Lehrveranstaltungen pro Semester angeboten. Unterrichtsverpflichtungen werden nicht nur von Institutsmitarbeitern, sondern auch von Gastdozenten wahrgenommen. Im Mittel haben Lehrveranstaltungen einen Umfang von 13 Semesterwochenstunden. Die durchschnittliche Hörerzahl wird mit über 40 Studenten angegeben. Daraus folgt ein deutliches Interesse ingenieurwissenschaftlicher Studenten, sich mit interdisziplinären Problemen, insbesondere in der Medizin, auseinanderzusetzen. Dieses Interesse kann sicher nicht nur mit der Absicht, eine berufsqualifizierende Zusatzausbildung erwerben zu wollen, interpretiert werden. Die oft schablonenhafte Vorstellung, daß Studenten der Ingenieurwissenschaften das Studium mit Scheuklappen vor fachübergreifenden Wissensinhalten betreiben würden, ist vor diesem Hintergrund kaum haltbar. Die durchaus mögliche Chance, Studenten der Ingenieurwissenschaften mit Hilfe der **BMT** an Probleme lebender Systeme heranzuführen, wie das vor allem in den USA sehr erfolgreich praktiziert wird, wird aufgrund der dürftigen Verbreitung von Instituten der **BMT** bisher nur an wenigen Hochschulen genutzt.

7.1.3 Klinische Forschung

Schon KLASMEIER stellte 1969 in seiner **BMT**-Studie fest: "Heute ist eine echte Zusammenarbeit zwischen Medizinern, Naturwissenschaftlern und Ingenieuren zu einer der Grundvoraussetzungen für den wissenschaftlichen Fortschritt auf allen medizinischen und biologischen Gebieten geworden." Diese Forderung ist bis heute in weiten Bereichen nicht erfüllt.

Das gilt in besonderem Maß für die klinische Forschung, zu der schon KLASMEIER im Hinblick auf die Zusammenarbeit mit der BMT anmerkte: "Die klinische Forschung kann und darf sich nicht darauf beschränken, die in der klinischen Praxis gewonnenen Ergebnisse wissenschaftlich zu verarbeiten, sondern sie muß nach neuen Wegen suchen, um diese Praxis zu verbessern."

Der Wissenschaftsrat hat die Situation in der klinischen Forschung in seiner 1986 veröffentlichten Studie "Empfehlungen zur klinischen Forschung in den Hochschulen" untersucht und kommt zu dem Ergebnis: "Anlaß für die vorliegenden Empfehlungen ist die Tatsache, daß der Leistungsstand der klinischen Forschung in der Bundesrepublik Deutschland trotz aller Vorschläge und Bemühungen zu seiner Verbesserung - und unbeschadet mancher hervorragender Einzelergebnisse - insgesamt unbefriedigend ist." An anderer Stelle wird deutlich Bezug zur **BMT** genommen, indem festgestellt wird: "Schließlich zählen zu den aktuellen Forschungsaufgaben auch die weitere Verbesserung diagnostischer und therapeutischer Methoden und die Verringerung von Risiken und Belastungen für die Patienten. Beispiele für solche Entwicklungen in jüngster Zeit sind die Zertrümmerung von Nierensteinen durch Stoßwellen, die Weiterentwicklung der Mikrochirurgie bis hin zur Replantation abgetrennter Gliedmaßen, die Ultraschalldiagnostik, die Röntgen-, Computer- und die Kernspinresonanz-Tomographie."

Auch die Arbeitsgemeinschaft der Wissenschaftlichen Medizinischen Fachgesellschaften (AWMF) weist in ihrer 1987 veröffentlichten Studie "Vordringliche Aufgaben der medizinischen Fachdisziplinen in Praxis, Klinik und Forschung unter besonderer Berücksichtigung der Veränderung der Altersstruktur und ihrer gesundheitlichen Folgen" immer wieder auf die Bedeutung der **BMT** hin, wenn Ansätze für weitere Fortschritte aufgezeigt werden. So heißt es dort z.B.: "Erforderlich ist immer der Einbau der modernen Technologie in chirurgische Verfahren, wie Endoskopie, Ultraschall, Laser."

Noch deutlicher äußert sich die Bundesärztekammer in ihrer Studie, die 1986 vom Deutschen Ärztetag in Hannover beschlossen worden ist: "Das Vertrauen des Patienten gegenüber seinem Arzt gründet sich auch darauf, daß die ärztliche Versorgung an einem anerkannten Wissensgut und am wissenschaftlichen und <u>technischen</u> Fortschritt orientiert ist."

Das Ergebnis einer Umfrage unter praktisch allen medizinisch-wissenschaftlichen Fachgesellschaften, die in Beziehung zur **BMT** gesehen werden können, läßt sich folgendermaßen zusammenfassen:

- Die Zusammenarbeit mit der **BMT** wird allgemein für notwendig gehalten. Die derzeitigen Voraussetzungen für eine solche Zusammenarbeit werden als unzureichend bezeichnet. Die geringe Repräsentanz der **BMT** wird kritisiert und unter diesen Voraussetzungen eine Zusammenarbeit mit industriellen Partnern für eher möglich gehalten als mit **BMT**-Partnern innerhalb des Hochschulbereiches.

- Die Aufforderung zur Benennung wichtiger interdisziplinärer Projekte wird zunächst mit dem Hinweis auf die eingeschränkte Fachkompetenz beantwortet, bevor zu fast jedem Fachgebiet eine Reihe konkreter Probleme genannt wird.

- Nahezu übereinstimmend wird den meisten Teilgebieten der **BMT** im Bereich "Anwendung" im internationalen Vergleich eine Spitzenposition eingeräumt, jedoch zugleich auf einen Rückstand zu den führenden Nationen im Bereich "Forschung und Entwicklung" verwiesen.

- In mehreren Stellungnahmen wird in freier Form auf das Defizit in Forschung und Lehre hingewiesen, das für die **BMT** von den befragten Fachgesellschaften festgestellt wird.

Die volle Nutzung des wissenschaftlichen und technischen Fortschrittes zum Nutzen der Patienten, wie vom Deutschen Ärztetag gefordert, setzt jedoch voraus, daß innerhalb der Medizin - und hier insbesondere innerhalb der klinischen Medizin - endlich die notwendigen Voraussetzungen für eine inter- und multidisziplinäre Zusammenarbeit unter Einbeziehung von Natur- und Ingenieurwissenschaften geschaffen werden. Bisher sind diese Voraussetzungen nicht im notwendigen und im Interesse des Patienten wünschenswerten Umfang vorhanden.

Die wichtigste Voraussetzung für eine Mitarbeit von **BMT**- Wissenschaftlern in der klinischen Forschung ist, daß diese Zusammenarbeit auf der Basis gegenseitiger Anerkennung erfolgt, wobei der Ingenieurwissenschaftler nicht nur Leistungserbringer für den medizinischen Auftraggeber ist, sondern daß es ihm ermöglicht wird, seine eigene wissenschaftliche Qualifikation ebenso einzubringen wie der Mediziner. Dies setzt insbesondere voraus, daß

1. die bisher völlig unbefriedigende berufliche Perspektive (Weiterqualifikation, Aufstiegsmöglichkeit usw.) für Nichtmediziner in der Klinik, aber auch im theoretisch-medizinischen Bereich, endlich deutlich verbessert und jener der Mediziner angeglichen wird;

2. daß die Bezahlung sowie die Arbeitsmöglichkeiten (Geräteausstattung, Mitarbeiter, Weiterbildung usw.) für Ingenieurwissenschaftler in der Medizin an die in der Industrie angenähert werden.

Nur wenn es gelingt, diese Voraussetzungen zu schaffen, besteht eine Chance, daß die klinische Forschung für die deutsche medizin-technische Industrie wieder jener Partner wird, den die Industrie benötigt und den sie heute vielfach im Ausland suchen muß.

Insbesondere in jenem Bereich der klinischen Forschung, der auch für die Zusammenarbeit mit industriellen Partnern interessant ist, wirkt sich das Fehlen qualifizierter ingenieurwissenschaftlicher Gesprächspartner in klinischen Arbeitsgruppen besonders nachteilig aus. Aber es trifft ebenso bezüglich der Vermittlung klinisch- und anwenderbezogener Gesichtspunkte im Rahmen der Standardisierung, Normung und Anwenderrichtlinien zu, da für diese wichtigen Aktivitäten fast keine Mediziner mit klinischer Erfahrung zu gewinnen sind.

7.2 BMT an den Fachhochschulen

Biomedizinische Technik als vollständiges Fachgebiet oder Teilbereiche (z.B. Biomechanik) bzw. benachbarte Gebiete (z.B. Krankenhausbetriebstechnik) wird nicht nur an Universitäten bzw. Technischen Hochschulen, sondern auch an Fachhochschulen bearbeitet und gelehrt. Die Betonung der Medizin-Technik ist bei den Fachhochschulen noch stärker als bei den wissenschaftlichen Hochschulen. Die beteiligten Fachhochschulen haben sich in einem Arbeitskreis Technik in Medizin und Umweltschutz zusammengeschlossen.

Zum Zeitpunkt der Umfrage 1989 gehörten folgende Fachhochschulen diesem Arbeitskreis an (Auflistung in alphabetischer Reihenfolge nach dem Standort; die FH Bingen ist in dieser Zusammenstellung nicht enthalten, da sie sich nach eigenem Bekunden nicht mit Themen der **BMT** bzw. **MT** beschäftigt):

- FH Braunschweig-Wolfenbüttel, Fachbereich Versorgungstechnik;

- FH Giessen-Friedberg, Fachbereich Technisches Gesundheitswesen;

- FH Hamburg-Bergedorf, Fachbereich Bioingenieurwesen, Produktions- und Verfahrenstechnik;

- FH Lübeck, Fachbereich Angewandte Naturwissenschaften;

- FH Ulm, Fachbereich Feinwerktechnik, Schwerpunkt Biomedizintechnik;

- FH Wilhelmshaven, Fachbereich Feinwerktechnik.

Nicht alle der angeschriebenen Fachhochschulen haben die Anfrage beantwortet. Für die Auswertung können nur die zurückgesandten Antwortbögen verwendet werden:

Einige dieser Fachhochschulen bieten einen eigenen Studiengang Biomedizinische Technik an: FH Hamburg-Bergedorf, FH Ulm. Bei anderen Fachhochschulen ist eine Studienrichtung mit **BMT**- Ausbildungsinhalten innerhalb eines anderen Studienganges enthalten (z.B. FH Wilhelmshaven mit der Studienrichtung Technik im Gesundheitswesen innerhalb des Studienganges Feinwerktechnik). Im Mittel schließen an jeder dieser Einrichtungen pro Jahr 40 Studenten die Ausbildung in Medizintechnik mit einem Diplom ab. Mehr als 75% dieser Absolventen finden ihren Arbeitsplatz anschließend in der Industrie (zumeist Unternehmen der Medizintechnik).

Wissenschaftliche Projekte werden an den Fachhochschulen überwiegend in der Form von Studien- und Diplomarbeiten durchgeführt. Hierbei stehen Themen der angewandten Forschung, Entwicklung und Evaluation von medizin-technischen Geräten im Vordergrund. Besondere Schwerpunkte der Forschungsaktivitäten liegen in der Datenverarbeitungstechnik sowie in der Entwicklung von Sensoren und Meßwertwandlern.

Die F+E-Aktivitäten werden überwiegend in enger Kooperation mit der medizin-technischen Industrie durchgeführt (etwa 60% aller Forschungsvorhaben). Bei den übrigen Projekten besteht im allgemeinen eine enge Zusammenarbeit mit anderen wissenschaftlichen Institutionen und Krankenhäusern. Die Finanzierung von Forschungsvorhaben an den Fachhochschulen geschieht jeweils zu etwa 50% aus Eigenmitteln und aus Mitteln der Industrie. Eine Finanzierung aus anderen Drittmittelquellen (BMFT, DFG etc.) findet an den Fachhochschulen praktisch nicht statt (unter 1%).

7.3 Andere wissenschaftliche BMT-Einrichtungen

Die **BMT** ist kein Fachgebiet, das streng und eindeutig abgrenzbar wäre. Eine besonders starke Berührung gibt es mit den Einrichtungen der Medizinischen Physik, die an fast allen größeren Instituten bzw. Abteilungen für Radiologie (Röntgen, Nuklearmedizin usw.) bestehen. Übergänge sind ferner zu Arbeitsgruppen an Instituten für Biophysik und zu orthopädietechnischen Arbeitsgruppen vorhanden. Folgende Einrichtungen erscheinen jedoch besonders erwähnenswert:

In Heilbronn gibt es einen Studiengang "Medizinische Informatik", der dem Fachbereich Vorklinik der Universität Heidelberg angegliedert, organisatorisch jedoch der Fachhochschule Heilbronn zugeordnet ist. Dieser Studiengang enthält wesentliche Ausbildungsinhalte aus dem Bereich der **BMT**. Die Ausbildung kann mit einer Promotion (Dr. sc. hum.) abgeschlossen werden.

Ein vergleichbarer Studiengang "Medizinische Informatik" wird zur Zeit an der Hochschule Hildesheim aufgebaut.

An der Universität Hamburg besteht das Institut für Mathematik und Datenverarbeitung in der Medizin. Das Hauptaufgabengebiet dieses Instituts ist die medizinische Bildverarbeitung, in neuerer Zeit vor allem Verfahren zur dreidimensionalen Bildrekonstruktion.

In Berlin sowie in Ulm gibt es Zentren für "Laser in der Medizin". Dabei handelt es sich um die Anwendung einer speziellen Technologie für medizinische Zwecke. Beide Zentren sind in unterschiedlicher Form an die am Ort vorhandenen Universitäten angeschlossen, z.B. durch die Zugehörigkeit des Leiters des Zentrums zu einer der Fakultäten. Beide Zentren wurden durch Firmenstiftungen ermöglicht, und durch die Firmenstiftungen wird auch während der Aufbauphase ein Teil der laufenden Ausgaben gedeckt. In Ulm übernimmt die Landesregierung von Baden-Württemberg zunächst 2/3 der anfallenden Kosten, während in Berlin vom Senat für die Anlaufphase eine Fehlbedarfsdeckung zugesichert worden ist. Beide Einrichtungen haben die Möglichkeit, Drittmittel für Forschung und Entwicklung einzuwerben.

In Hamburg soll ein Zentrum mit dem Schwerpunkt "Biomechanik" eingerichtet werden, über dessen Stand nähere Einzelheiten bisher nicht bekannt sind.

Im Zusammenhang mit der Einrichtung von Technologiezentren kam und kommt es immer wieder zum Entstehen von Arbeitsgruppen, die ihr Wissen auf anwendungsnahe Probleme übertragen wollen und daher ihre Aufgabe mehr in der Entwicklung von Verfahren (einschließlich Software) und Geräten als in der Fertigung von Produkten sehen. Es scheint, daß eine überproportional große Zahl solcher Gruppen sich mit Problemen der **BMT** bzw. **MT** beschäftigt. Viele der Gruppen stehen hierbei in Kontakt und Erfahrungsaustausch mit Universitäten, ohne aber im Regelfall in den Lehr- und Forschungsbetrieb der Universitäten integriert zu sein.

Besonders erwähnenswert und für die zukünftige Entwicklung der **BMT** in der Bundesrepublik Deutschland von erheblicher Bedeutung ist die Tatsache, daß es bisher weder eine Großforschungseinrichtung des Bundes (vergleichbar etwa der Gesellschaft für Biotechnologische Forschung in Braunschweig oder dem Hahn-Meitner-Institut in Berlin) noch ein Institut einer der großen Forschungsgesellschaften (Max-Planck-Gesellschaft, Fraunhofer-Gesellschaft) für **BMT** gibt. Ein erster Schritt in diese Richtung war das Institut für Medizin-Technik der Universität des Saarlandes gemeinsam mit der Fraunhofer-Gesellschaft.

7.4 Die Situation in den neuen Bundesländern

Ebenfalls schon 1961 wurde die Gesellschaft für Biomedizinische Technik und Informationsverarbeitung der DDR (GBMTI) gegründet. Diese Gesellschaft verfolgte ebenfalls die Förderung der interdisziplinären Zusammenarbeit auf dem Gebiet der biomedizinischen Technik und der biomedizinischen Informationsverarbeitung in der Forschung, der Fort- und Weiterbildung sowie in der Anwendung. Allerdings waren Fachgesellschaften in der ehemaligen DDR nicht in jeder Beziehung mit wissenschaftlichen Fachgesellschaften in der Bundesrepublik Deutschland zu vergleichen. So findet sich in der Satzung der GBMTI als Aufgabenstellung die Formulierung: "Die Gesellschaft für Biomedizinische Technik und Informationsverarbeitung der DDR leistet damit einen Beitrag zur Weiterentwicklung des Gesundheitswesens und zur allseitigen Stärkung der <u>sozialistischen Gesellschaftsordnung</u> der DDR."

Die so festgelegte Aufgabe, aber auch die unterschiedliche Wirtschafts- und Marktstruktur, die Einbindung in das COMECON-Wirtschaftssystem mit seiner Schwerfälligkeit und die fehlenden Möglichkeiten des internationalen Erfahrungsaustausches und der internationalen Zusammenarbeit prägten die Entwicklung des Fachgebietes im Wissenschaftssektor.

An der Technischen Universität Dresden wurde eine Sektion "Biomedizinische Technik und Gerätetechnik" und an der TH Ilmenau innerhalb der Sektion "Technische und Biomedizinische Kybernetik" eine Fachrichtung "Biomedizinische Technik und Bionik" eingerichtet, ein Institut für Biomedizinische Technik an der Medizinischen Akademie "Carl Gustav Carus" in Dresden war im Endstadium der Aufbauphase. Allerdings entspricht die Verwendung der Bezeichnung "Institut" vielfach nicht den in der Bundesrepublik Deutschland üblichen Gepflogenheiten. So verfügten viele Krankenhäuser, insbesondere Bezirkskrankenhäuser (z.B. das Bezirkskrankenhaus St. Georg in Leipzig) über ein Institut für Biomedizinische Technik. Fast alle größeren Krankenhäuser besaßen zumindest eine Abteilung für Biomedizinische Technik. Schwerpunkte waren Berlin, Ro-

stock, Stralsund, Magdeburg, Halle, Leipzig, Dresden, Erfurt und Jena.
Die Aufgaben dieser Einrichtungen an den Krankenhäusern waren vor
allem:

- Betreuung (Wartung, Instandhaltung usw.) des vorhandenen Geräte-
  parkes;
- wissenschaftlicher Gerätebau, d.h. Entwicklung neuartiger oder wegen
  der Devisenprobleme nicht verfügbarer Geräte, wobei es dann wegen
  des Fehlens einer aktionsfähigen mittelständischen Industrie oft erforderlich war, zur Fertigung von Kleinserien überzugehen;
- unmittelbare Mitwirkung in der Patientenversorgung.

Die unmittelbar dem Gesundheitsministerium unterstehenden Zentralkli-
niken waren als Schwerpunktskliniken (z.B. Karlsburg für Diabetes, Bad
Berka für Herz-Kreislauf- und Lungenerkrankungen) im allgemeinen
nicht nur gerätemäßig deutlich über dem sonstigen Standard der DDR-
Krankenhäuser versorgt, sondern besaßen zumeist auch große Abteilungen für **BMT** mit wissenschaftlichen Aufgaben.

Auch zentrale Einrichtungen, z.B. die Zentralakademie für Wissenschaften der DDR sowie Krankenhäuser der Volkspolizei, verfügten über eigene **BMT**-Einrichtungen, die teilweise Forschungs- und Entwicklungs-
aufgaben wahrnahmen.

BMT-Lehr- und Ausbildungsinhalte wurden auch von mehreren Fachhochschulen vermittelt, z.B. von der FH Jena.

Eine Besonderheit bildete das Institut für Medizin-Technik in Frankfurt
a.d. Oder. Dieses Institut war von der Regierung beauftragt, die Zulassung
medizin-technischer Geräte zu regeln und Richtlinien für den Betrieb dieser Geräte zu erlassen. Hierbei standen, wie aus der Medizintechnik-Ver-
ordnung hervorgeht, die Erfordernisse des gesellschaftlichen Bedarfs an
erster Stelle, d.h. dieses Institut hatte eine "marktbeeinflussende" Funktion.

Innerhalb des Forschungsinstitutes "Manfred-von-Ardenne" in Dresden
gab es eine größere Arbeitsgruppe, die mit F+E-Aufgaben auf dem Gebiet
der **BMT** beschäftigt war. Der besondere Status dieses Forschungsinstitutes erklärt sich jedoch vor allem aus den Besonderheiten der damaligen
DDR, wonach private Produktionsbetriebe mit mehr als 10 angestellten
Mitarbeitern nicht zulässig waren. Diese Beschränkung in der Zahl der
Mitarbeiter galt nicht für private Forschungsinstitute.

In der jetzigen Zeit des Umbruches in den neuen Bundesländern können
genaue Aussagen über Strukturen, die auch noch in wenigen Monat Be-

stand haben werden, nicht gemacht werden. Viele der Einrichtungen werden "abgewickelt". Die medizin-technischen Abteilungen in den Krankenhäusern sind nach den in der Bundesrepublik geltenden Maßstäben für Wirtschaftlichkeit in Krankenhäusern nicht überlebensfähig. Wegen des früher anders gelagerten Aufgabenspektrums kann teilweise von einer Überqualifizierung für die jetzt anfallenden Aufgaben ausgegangen werden. Auf der anderen Seite muß befürchtet werden, daß viele qualifizierte Mitarbeiter in der jetzigen Phase der Unsicherheit ihre Arbeitsstelle wechseln und sich nach neuen Möglichkeiten umsehen.

Unklar ist derzeit auch, welche der Studiengänge an den wissenschaftlichen Einrichtungen erhalten werden können. Auf der anderen Seite werden zur Zeit allerdings auch neue Möglichkeiten geschaffen. So laufen bereits konkrete Planungen, um an der Universität Rostock eine neue Studienrichtung "Angewandte Biomechanik" als Vertiefungsfach innerhalb des Studienganges "Maschinenbau" einzurichten, wofür offensichtlich Finanzmittel vom BMFT zur Verfügung gestellt worden sind.

8. DIE BMT IM UMFELD DER INDUSTRIE

Die Bundesrepublik Deutschland ist ein stark exportabhängiges Land. Ihre Leistungsfähigkeit auf diesem Gebiet sichert nicht nur den Wohlstand der Bürger, sondern ermöglicht zugleich auch einen hohen Standard in bezug auf medizinische Versorgung, Sozialleistung, Umweltschutz und Infrastruktur. Zur Erhaltung dieser Leistungsfähigkeit sind besondere Strategien notwendig, um langfristig technologische Spitzen- oder gar Schrittmacherleistungen auf solchen Gebieten anzustreben, die nicht dem Wechselbad politischer oder anderer Einflußfaktoren ausgesetzt sind (wie z.B. Militärtechnologie, aber auch Gentechnologie und Energietechnologie).

Die Medizin-Technik ist nicht nur eine zukunftsorientierte Hochtechnologie, sondern mit ihrer fast ausschließlichen Ausrichtung auf humanitäre Einsatzzwecke für die erforderliche Erhaltung der wirtschaftlichen Leistungsfähigkeit hervorragend geeignet. Es sollte trotz aller Einwände von jenen, die im beruhigenden Bewußtsein der jederzeitigen Verfügbarkeit hochwertiger Medizintechnik im eigenen Bedarfsfall die negativen Aspekte überbetonen, doch zu denken geben, daß nach dem Fall der Mauer zur DDR, nach dem Öffnen der früher sozialistischen Staaten für gespendete Unterstützung, aber ebenso in den Hilfswünschen unterentwickelter oder durch Katastrophen betroffenen Länder medizin-technische Ausrüstung praktisch immer an erster Stelle steht.

8.1 Industrie- und Handelsverbände

Industrie und Handel auf dem Gebiet der Medizintechnik sind in mehreren Verbänden organisiert. Derartige Organisationsformen ermöglichen die Interessensvertretung der Mitglieder auf nationaler wie internationaler Ebene, fördern den Informations- und Erfahrungsaustausch, beobachten und verfolgen die wirtschaftliche Entwicklung und stellen dafür Daten und Informationen bereit. Weitere wichtige Punkte sind Öffentlichkeitsarbeit und Mitarbeit bei Aufgaben von öffentlichem Interesse (z.B. Normung, Festlegen von Sicherheitsvorschriften).

Die wichtigsten dieser Verbände sind:

8.1.1 Zentralverband Elektrotechnik- und Elektronikindustrie e.V. (ZVEI)

Im ZVEI, der wirtschafts- und technologiepolitischen Interessensvertretung der deutschen Elektroindustrie, sind etwa 1 250 Firmen zusammengeschlossen. Der ZVEI ist in Landesvertretungen und Fachverbände gegliedert. Im Fachverband Elektromedizinische Technik sind ca. 100 Firmen mit über 21 000 Mitarbeitern zusammengeschlossen (Stand 1989). Diesem Fachverband gehören vor allem Hersteller solcher medizintechnischer Geräte an, die auf elektrischer oder elektronischer Arbeitsweise basieren. Eine herausragende Produktgruppe stellen die bildgebenden Geräte dar.

8.1.2 Verband der deutschen feinmechanischen und optischen Industrie e.V. (F+O)

F+O als Interessensverband der feinmechanischen und optischen Industrie ist in sechs Bereiche gegliedert:

- Augenoptik

- Optik und Labortechnik

- Foto- und Videotechnik

- Feinmechanik

- Meß- und Automatisierungstechnik

- Medizintechnik

Die etwa 700 Mitgliedsunternehmen von F+O beschäftigen ca. 123 000 Mitarbeiter. Der Bereich Medizintechnik trägt mit etwa 40 000 Beschäftigten ca. 31% zum Gesamtumsatz von F+O bei (Stand 1990). Die von diesem Bereich repräsentierte Produktgruppe ist dadurch gekennzeichnet, daß ihre Wirkungsweise nicht in erster Linie auf den elektrischen Strom zurückzuführen ist, wobei die Energieversorgung mit elektrischem Strom unerheblich ist. Typische Gerätearten sind Geräte für Narkose, Beatmung, Inhalation, Infusion, Transfusion, Sterilisation, ferner Operationstische und -einrichtungen, Rollstühle, Endoskope, Mikroskope, dentalmedizinische Einrichtungen usw.

8.1.3 Zentralvereinigung Medizintechnik e.V. (ZMT)

In der ZMT als Vereinigung des medizintechnischen Fachhandels sind etwa 250 Firmen zusammengeschlossen (Stand 1989). Die ZMT hat sich vor allem auf dem Gebiet der beruflichen Ausbildung engagiert und für den medizintechnischen Kaufmann ein eigenes Berufsbild entwickelt.

8.2 Die wirtschaftliche Bedeutung der MT

Der gesamte Umsatz bundesdeutscher Unternehmen mit medizin- technischen Produkten betrug im Jahr 1987 ca. 9 Milliarden DM. Dieser Umsatz verteilte sich zu etwa gleichen Teile auf die beiden Industriezweige ZVEI und F+O. Über die Hälfte des jeweiligen Umsatzes (56% bzw. 60%) entfiel dabei auf den Export. Diese Zahlen unterstreichen die wirtschaftliche und arbeitsmarktmäßige Bedeutung der medizin-technischen Industrie für die Bundesrepublik Deutschland. Die hohen Exportzahlen zeigen zugleich, welches Ansehen medizin-technische Produkte der deutschen Industrie weltweit genießen.

Hauptabnehmerländer für exportierte Medizintechnik aus der Bundesrepublik Deutschland sind in erster Linie die USA (26% bzw. 18%) und Frankreich. Faßt man die Staaten der Europäischen Gemeinschaft zusammen, so gehen immerhin 32,9% bzw. 37,5% der gesamten medizin-technischen Exporte in Länder der EG. Es ist anzunehmen, daß sich dieser Anteil mit der völligen Öffnung des Europäischen Binnenmarktes ab 1993 zunächst noch weiter erhöhen wird.

Im Inland beliefen sich die Umsätze der medizin-technischen Industrie 1987 auf etwa 3,8 Milliarden DM. Da die Medizintechnik sehr häufig für die sog. Kostenexplosion im Gesundheitsbereich verantwortlich gemacht wird, sollen hier einige Vergleichsangaben hinzugefügt werden:

Nach Angaben des Bundesverbandes der Pharmazeutischen Industrie wurden 1989 Arzneimittel im Wert von 24,3 Milliarden DM (Herstellerabgabepreise) erzeugt, wovon Waren im Wert von 10,1 Milliarden DM exportiert und demnach Waren im Wert von 14,3 Milliarden DM im Inland verbraucht wurden. Hinzu kamen importierte Arzneimittel im Wert von 5,6 Milliarden DM, d.h. der auf die Abgabepreise der Hersteller bezogene Gesamtwert pharmazeutischer Produkte betrug 1989 insgesamt 19,9 Milliarden DM (der den Kostenträgern in Rechnung gestellte Betrag liegt nochmals deutlich höher).

Die immer wieder im Zusammenhang mit der Medizintechnik geäußerten Vorwürfe, maßgeblich zu den Kostensteigerungen im Gesundheitswesen beizutragen, sind überwiegend falsch adressiert, denn die anfallenden Kosten betreffen nur zu einem kleinen Teil die Anschaffungs- bzw. Investitionskosten, sondern sind zum überwiegenden Teil aus der Anwendung resultierende Folgekosten. Beispielsweise betragen die jährlichen Folgekosten (d.h. laufende Betriebs- und Personalkosten) für einen Magnetresonanztomographen ca. 1,1 Millionen DM und für einen Stoßwellenlithotriptor ca. 1 Million DM. Erhebliche Folgekosten, die sich aus der Inanspruchnahme ergeben, sind aber auch bei kleinen Geräten zu beobachten (z.B. bei Mikrophotometern zur Bestimmung der Blutzuckerkonzentration mit Hilfe von Teststäbchen). Ein zutreffenderes Bild würde sich zeigen, wenn man solche Kosten korrekterweise unter "Diagnose- und Therapiekosten" aufführen und nicht den dafür eingesetzten Geräten anlasten würde.

Wie bereits erwähnt, fanden in den beiden von ZVEI und F+O (ohne die Produktgruppe "Mikroskope") repräsentierten Industriezweigen 1988 insgesamt etwa 61 000 Menschen einen Arbeitsplatz. Hierbei handelt es sich um eine sehr große Anzahl von Arbeitsplätzen mit überdurchschnittlichen Qualifikationsanforderungen (mit einem hohen Anteil in Forschung und Entwicklung).

Die Umsatzsteigerung für medizin-technische Geräte betrug im Mittel der Jahre 1984 - 1988 etwa 6,8%. Dabei kommt es jedoch zu deutlichen Schwankungen. Einer Umsatzsteigerung um 23% im Jahr 1985 steht ein Verlust von 7% im Jahr 1987 entgegen, jeweils auf das vorhergehende Jahr bezogen. Umsatzänderungen im In- und Ausland können in manchen Jahren gegensätzlich verlaufen. So wurde 1986 im Inland ein Umsatzrückgang von 2%, beim Export jedoch eine Steigerung um 20% registriert. Solche Zahlen machen vor allem die starke Abhängigkeit von den gesundheitspolitischen Rahmenbedingungen deutlich. Ein "freier" Markt für medizintechnische Produkte existiert nicht.

Insgesamt scheint jedoch die Prognose für die Zukunft der medizin-technischen Industrie kurz- bis mittelfristig gut zu sein. Insbesondere im Export können nach wie vor große Möglichkeiten gesehen werden. Beispielsweise konnte der Export elektro-medizinischer Geräte 1988 nach Japan um 48,5% gesteigert werden, womit Japan zugleich der drittgrößte Abnehmer medizin-technischer Geräte aus deutscher Produktion geworden ist. Zugleich hat jedoch der Import medizin-technischer Geräte, insbesondere aus Fernost, deutlich zugenommen. Japan ist inzwischen (1988) mit 21% aller importierter elektro-medizinischer Geräte für die Bundesrepublik Deutschland zum wichtigsten Importeur mit einer Steigerung um 19,6% gegenüber dem Vorjahr geworden.

Diese Zahlen belegen zugleich deutlich, daß es für medizin-technische Geräte keinen geschützten Heimmarkt mehr gibt. Es muß daher befürchtet werden, daß sich der positive Exporttrend früher oder später einmal umkehren kann. Medizin-technische Geräte im "low-technology"-Bereich werden zunehmend von sogenannten Schwellenländern in Fernost (z.B. Korea, Taiwan, Singapur und Hongkong) produziert. Der technische Standard dieser Geräte läßt sich durchaus am internationalen Maßstab messen. Durch die günstigere Lohnstruktur in diesen Schwellenländern besitzen sie jedoch einen deutlichen Kostenvorsprung vor den Herstellern in klassischen Produktionsländern. Da im Gesundheitswesen zunehmend wirtschaftliche Gesichtspunkte berücksichtigt werden müssen, steht zu erwarten, daß sich die Schwellenländer in Zukunft einen erheblichen Marktanteil sichern werden (vergleichbare Beispiele sind einfache optische Systeme, die Mikroelektronik mit den Speicherchips usw.). Es ist daher dringend erforderlich, daß durch geeignete Maßnahmen (Forschungsförderung, Institutionalisierung der **BMT** im Bereich der Grundlagenforschung und der prä-kompetitiven Forschung, Berücksichtigung solcher Gesichtspunkte im Rahmen der Gesundheits- und Sozialpolitik usw.) dazu beigetragen wird, daß der technologische Vorsprung auf dem Gebiet der **BMT** erhalten oder eventuell sogar noch ausgebaut werden kann.

8.3 Ergänzende Angaben

Das Forschungs- und Entwicklungspotential auf dem Gebiet der **MT** ist bei der Industrie um ein Vielfaches größer als an den wissenschaftlichen Hochschulen. Eine Umfrage unter den führenden Unternehmen dieser Branche ergab, daß bis zu mehreren hundert wissenschaftliche (maximal 728) und nicht-wissenschaftliche (maximal 812) Mitarbeiter bei diesen Unternehmen in Forschung und Entwicklung beschäftigt sind. Zum Vergleich: an den erwähnten wissenschaftlichen Instituten und Abteilungen sind zusammen weniger als 100 wissenschaftliche und weniger als 100 nicht-wissenschaftliche Mitarbeiter beschäftigt.

Die Finanzierung der Industrieforschung erfolgt fast ausnahmslos über firmeneigene Mittel. Der finanzielle Einsatz für F+E differiert allerdings zwischen den einzelnen Unternehmen beträchtlich. Im Mittel werden etwa 20% des Gesamtumsatzes (genannt wurden Werte zwischen 6 und 55%) für Forschung und Entwicklung ausgegeben. Eine Finanzierung über Drittmittel aus anderen Forschungsförderungseinrichtungen (DFG, BMFT etc.) erfolgte in weniger als 1% der Fälle.

Die Kosten für die Einrichtung sowie den Unterhalt eines wissenschaftlichen bzw. eines nicht-wissenschaftlichen Arbeitsplatzes in der Industrie werden etwas höher als in den universitären Forschungseinrichtungen veranschlagt. Im Mittel wurden von den befragten Firmen folgende Kosten angegeben:

Kosten für die Einrichtung eines Arbeitsplatzes
    - für einen wissenschaftlichen Mitarbeiter   136 000 DM
    - für einen nicht-wissenschaftlichen Mitarbeiter 74 000 DM

Deutlich höher sind dagegen die Kosten, die von der Industrie für die laufenden Kosten (d.h. ohne Personalkosten) genannt werden:

Kosten für Sachausgaben, Verbrauch, Geschäftsbedarf pro Jahr
    - für einen wissenschaftlichen Mitarbeiter   60 000 DM
    - für einen nicht-wissenschaftlichen Mitarbeiter 28 000 DM

Dieser deutliche Aufwandsunterschied zugunsten der wissenschaftlichen Einrichtungen an den Hochschulen könnte eine gute Basis für die Zusammenarbeit von Industrie und Hochschulen sein. Voraussetzung ist allerdings, daß bei den Hochschulen auch die Leistung stimmt.

Von der Industrie wurde bei der Umfrage eine Zusammenarbeit mit universitären und außeruniversitären Forschungseinrichtungen, Fachhochschulen, aber auch mit den Anwendern in den Krankenhäusern durchaus für wünschenswert gehalten. Dabei wurden unterschiedliche Zielvorstellungen deutlich. Mit Universitäten, wissenschaftlichen Hochschulen, Max-Planck- und Fraunhofer-Instituten wird eine Zusammenarbeit vor allem auf dem Gebiet der Grundlagenforschung sowie bei der Entwicklung von medizin-technischen Geräten befürwortet. Für eine Kooperation mit den Fachhochschulen wird das Schwergewicht in der Geräteentwicklung gesehen. Die Zusammenarbeit mit den Krankenhäusern soll sowohl der Entwicklung als auch der Erprobung und Evaluation medizin-technischer Geräte und Methoden dienen.

Die folgende Tabelle gibt an, in welchen Bereichen eine Zusammenarbeit von der Industrie mit den verschiedenen wissenschaftlichen Institutionen in besonderem Maß gewünscht wird. Die Prozentwerte bezeichnen die Häufigkeit der Nennung (Mehrfachnennung war möglich):

| | Institution | | |
Bereich	Universität, wissenschaftliche Hochschule, Max-Planck-Institut, Fraunhofer-G.	Medizinische Versorgungs-einrichtung, Krankenhaus	Fachhochschule
-Grundlagen-forschung	100%	14%	0%
-Entwicklung	57%	71%	57%
-Anwendung und Evaluation	29%	86%	0%

Die Tabelle zeigt, daß auf dem Gebiet der Geräteentwicklung von der Industrie eine Zusammenarbeit fast gleichmäßig mit allen Institutionen, hingegen im Bereich der Grundlagenforschung fast nur mit den wissenschaftlichen Instituten und Forschungseinrichtungen, im Bereich der Anwendung und Evaluation überwiegend mit den klinischen Versorgungseinrichtungen für wünschenswert gehalten wird.

Die ingenieurwissenschaftliche Grund- und Allgemeinausbildung im Hinblick auf zukünftige Mitarbeiter wird von der Industrie im allgemeinen als ausreichend angesehen. Mängel werden insbesondere bei verschiedenen Spezialgebieten festgestellt. Unter diesen Spezialgebieten wurden vornehmlich die Mikrocomputertechnik und die Informatik, aber auch Statistik, HF-Technik, Projektmanagement und Verbrauchsgüter genannt. Eine Verbesserung der ingenieurwissenschaftlichen Ausbildung wird mit folgenden Häufigkeiten als notwendig bezeichnet:

- ingenieurwissenschaftliche Grund- und Allgemeinausbildung 34%

- vertiefte ingenieurwissenschaftliche Spezialausbildung 100%

- mehr praxisbezogene, anwendungsorientierte Ausbildung 17%

- stärkere interdisziplinäre Ausbildung insbesondere unter Einbeziehung von Medizin und Biologie 24%

Es ist zu erwarten, daß innerhalb der Bundesrepublik Deutschland mit ihren unterschiedlichen regionalen, strukturellen und auch wirtschaftspolitischen Voraussetzungen die verschiedenen Einrichtungen der **BMT** keine gleichmäßige Verteilung aufweisen werden. Eine Analyse macht deutlich, daß sowohl im Hochschulbereich, im Bereich von Großforschungseinrichtungen mit einer gewissen Beziehung zur **BMT** und bei der Industrie ein eindeutiges Schwergewicht im süddeutschen Raum und hier insbesondere in Baden-Württemberg liegt. Es scheint mehr als Zufall zu sein, daß vor allem mittelständische Firmen gehäuft in jenen Regionen vorhanden sind, in denen auch die entsprechenden wissenschaftlichen Einrichtungen anzutreffen sind.

Eine Aufzählung der wichtigsten Einrichtungen für Baden- Württemberg, die sicher nicht vollständig ist, soll die Konzentration in diesem Bundesland verdeutlichen:

Hochschuleinrichtungen für **BMT**: Universität Stuttgart, Universität Karlsruhe, Universität Heidelberg bzw. FH Heilbronn, Universität Ulm. Der Universität Stuttgart ist außerdem das Institut für Textil- und Verfahrenstechnik in Denkendorf mit dem Schwerpunkt Biomaterialien angeschlossen. Leistungsfähige **BMT**- Arbeitsgruppen im klinischen Bereich sind in folgenden Universitätskliniken vorhanden: Tübingen, Freiburg, Ulm und Heidelberg. Auch in mehreren nicht-universitären medizinischen Einrichtungen sind **BMT**-Arbeitsgruppen tätig, z.B. Katharinenhospital Stuttgart, Rehabilitationsklinik Karlsbach, Rehabilitationsklinik Bad Krozingen.

Großforschungseinrichtungen und sonstige Einrichtungen: Krebsforschungszentrum Heidelberg, Kernforschungszentrum Karlsruhe, Fraunhofer-Institute in Stuttgart und Karlsruhe, Medizinisches Laserzentrum in Ulm, Stiftung Rehabilitation Heidelberg, Körperbehinderten-Zentrum Oberschwaben in Ravensburg.

Firmen: Hellige (Freiburg), Tönnies (Freiburg), Hewlett-Packard (Böblingen), AESCULAP (Tuttlingen), Storz (Tuttlingen), ZEISS (Oberkochen), Bruker (Karlsruhe), Wolf (Knittlingen), Stierlen-MAQUET (Rastatt), Erbe (Tübingen), Boehringer Mannheim (Mannheim).

In Stuttgart ist ferner die Abteilung Medizin-Technik der DEKRA ansässig, die sich vor allem mit der Zulassungsprüfung für medizinisch-technische Geräte entsprechend der Medizingeräteverordnung (MedGV) befaßt.

Baden-Württemberg hat als erstes Bundesland das Berufsbild des staatlich anerkannten Medizin-Technikers eingeführt und hierfür mehrere Ausbildungsstätten eingerichtet.

Außer in Baden-Württemberg findet sich eine bemerkenswerte Konzentration von **BMT**-Einrichtungen nur noch in Berlin (TU, Universitätskliniken und weitere große Krankenhäuser, Laserzentrum für Medizin,

Physikalisch-Technische Bundesanstalt, verschiedene Firmen mittlerer Größe).

Weitere **BMT**-Schwerpunkte im süddeutschen Raum sind Erlangen, München und Saarbrücken-Homburg.

Als Schwerpunkte außerhalb des süddeutschen Raumes sind noch Lübeck, Kiel, Hamburg, Hannover, Aachen, Jülich sowie der Raum Mittelhessen zu nennen.

Ein Bundesland, in dem die **BMT** weder im Hochschulbereich institutionalisiert noch an einer Großforschungseinrichtung zu finden ist, ist Rheinland-Pfalz. In diesem Bundesland gibt es außer der Fa. Heyer auch keine nennenswerte Industrie auf diesem Sektor.

Aus der Sicht des Fachgebietes ist die Entwicklung in Baden-Württemberg besonders bemerkenswert. Obwohl in diesem Bundesland ohnehin bereits die größte Dichte an **BMT**-Einrichtungen vorhanden ist, wird der weitere Ausbau zielstrebig verfolgt und von der Landesregierung gefördert, wie der Ausbau der Universität Ulm zeigt. Dabei wird vor allem die Zusammenarbeit der wissenschaftlichen Einrichtungen mit der mittelständischen Industrie in origineller und erfolgreicher Weise unterstützt. Damit entsprechen die Bemühungen in Baden-Württemberg, was Intensität und Erfolg betrifft, etwa jenen in anderen Ländern, z.B. USA und Japan.

8.4 Die Situation in den neuen Bundesländern

Auch in den neuen Bundesländern gab es verschiedene medizin-technische Firmen wie z.B. TUR in Dresden. Die Produkte dieser Firmen repräsentierten innerhalb der RGW-Handelsländer einen anerkannt hohen Standard. Angaben über den Produktionswert und die Zahlen der Beschäftigten liegen nicht vor. Solche Zahlen wären allerdings unter den heutigen Umständen auch ohne Bedeutung.

Die Erfahrung der letzten Monate hat gezeigt, daß die Produkte im allgemeinen nicht den Anforderungen des Weltmarktes entsprechen. Die Produktionswerte pro Mitarbeiter liegen weit unter jenen in den Altbundesländern (i.a. kann davon ausgegangen werden, daß der in DM als "Kaufkrafteinheit" ausgedrückte Produktionswert pro Beschäftigtem in den neuen Bundesländern 1990 unter 40% des in den alten Bundesländern erreichten Wertes lag). Die Produktionseinrichtungen sind teilweise in einem erschreckenden Zustand und fast durchgehend erneuerungsbedürftig. Arbeitsplatzschutzvorschriften, wie sie durch gesetzliche Auflagen vorgegeben sind, lassen sich häufig nicht einhalten. Es ist zu Zeit völlig unklar, welche der Arbeitsplätze letztlich erhalten werden können.

Längerfristig kann davon ausgegangen werden, daß eine Anzahl von Arbeitsplätzen auf dem **BMT**-Sektor geschaffen bzw. erhalten werden kann, die sich etwa aus den Bevölkerungszahlen im Vergleich der Altbundesländer zu den neuen Bundesländern errechnen läßt. Demnach wären ca. 16,000 Arbeitsplätze zu erwarten. Da der Ausbildungsstand in den neuen Bundesländern auf dem Gebiet der **BMT** hoch einzuschätzen ist, könnte im Endergebnis diese Zahl sogar übertroffen werden.

9. BIOMEDIZINISCHE TECHNIK IM INTERNATIONALEN VERGLEICH

Es ist sicher schwierig, die Stellung eines Fachgebietes im internationalen Vergleich abzuschätzen bzw. einzuordnen. Zu den aussagekräftigsten Indikatoren gehören zweifellos das Ansehen, das den nationalen Vertretern eines Fachgebietes in internationalen Gremien zuteil wird, sowie die Zahl der wissenschaftlichen Publikationen und Vorträge, wie sie in anerkannten internationalen Zeitschriften bzw. auf internationalen Kongressen als Ausdruck der Intensität und Qualität wissenschaftlicher Aktivitäten ihren Niederschlag findet.

Eine dahingehende Untersuchung hat ergeben, daß die **BMT** aus der Bundesrepublik Deutschland weltweit zur Zeit zwischen dem 6.- 9. Rang einzuordnen ist, d.h. auf einer Stelle, die weder der wissenschaftlich-technischen noch der wirtschaftlichen Leistungsfähigkeit der Bundesrepublik entspricht. Besonders bemerkenswert ist hierbei, daß die Bundesrepublik relativ häufig, z.B. bei der Auswertung nach Publikationen in internationalen wissenschaftlichen Zeitschriften, sogar von relativ kleinen europäischen Staaten wie den Niederlanden übertroffen wird. Die Hauptursache dafür ist ganz offensichtlich die zu geringe Institutionalisierung der **BMT** an den wissenschaftlichen Hochschulen und sonstigen wissenschaftlichen Einrichtungen, wenn dafür als Vergleichbasis die Bevölkerungszahlen der wichtigsten Industriestaaten herangezogen werden.

Auffällig ist ferner, daß bundesdeutsche **BMT**-Vertreter bei internationalen Kongressen, bezogen auf die Zahl der Vortragenden und der Teilnehmer, sehr stark unterrepräsentiert sind. Diese geringe Beteiligung an internationalen Kongressen erklärt sich wahrscheinlich nicht nur mit der zu geringen Institutionalisierung, sondern auch mit der Tatsache, daß den wissenschaftlichen Einrichtungen in der Bundesrepublik Deutschland zumeist kaum Mittel zur Finanzierung solcher Kongreßbesuche zur Verfügung stehen und die Kosten (Reise- und Aufenthaltskosten, Kongreßgebühren usw.) daher überwiegend von den Teilnehmern privat getragen werden müssen. Die geringe Beteiligung erklärt sich dagegen nicht mit einer Geringschätzung der Leistungen der deutschen Wissenschaftler auf diesem Gebiet, wie von ausländischen Gesprächspartnern bei Anfragen zu diesem Thema immer wieder mit Nachdruck erklärt wurde. Nach solchen Äußerungen genießt der wissenschaftlich- technische Stand der **BMT** in der Bundesrepublik Deutschland im Ausland ein relativ hohes Ansehen. Unüberhörbar ist jedoch das Unverständnis für die geringe Bereitschaft der Deutschen, in internationalen Gremien, Ausschüssen und Programmen mitzuarbeiten, sowie für die dürftige Repräsentanz auf internationalen Tagungen. Finanzierungsprobleme, wie sie für deutsche Wissenschaftler existieren und die oft nur mit großem bürokratischem Aufwand zu bewältigen sind, kennt man im allgemeinen im Ausland nicht.

Die **BMT** lebt wie andere wissenschaftliche Fachgebiete ganz wesentlich vom Informationsaustausch im internationalen Rahmen und damit von persönlichen Beziehungen zwischen einzelnen Wissenschaftlern, wie sie durch Forschungsaufenthalte, Institutsbesuche, Begegnungen auf Kongressen usw. geknüpft werden. Es gibt verstärkte Hinweise darauf, daß die **BMT** in der Bundesrepublik hier zunehmend in eine Außenseiterposition, teilweise sogar in eine wissenschaftliche Isolation gerät.

Diese Entwicklung wird noch dadurch begünstigt, daß in der Bundesrepublik Deutschland eine im internationalen Vergleich deutlich zu geringe Anzahl von internationalen Veranstaltungen mit Beziehung zur **BMT** durchgeführt wird, wie eine entsprechende Auswertung deutlich gemacht hat. Die Gründe hierfür sind offensichtlich. Im Regelfall muß der Veranstalter das volle finanzielle Risiko tragen, da Ausfallbürgschaften kaum noch gewährt werden. Außerdem sind Vorbereitung und Organisation größerer internationaler Veranstaltungen für kleine Institute oder Arbeitsgruppen schon aus personellen Gründen kaum zu bewältigen und zudem zumeist mit einer erheblichen Einschränkung der wissenschaftlichen Aktivitäten über einen längeren Zeitraum verbunden, was bei projektgebundener Förderung und dem damit herrschenden Erfolgsdruck nicht zu verantworten ist.

Auf die Unterschiede im Fachgebietsverständnis zwischen **BMT** und **BME** wurde bereits hingewiesen. Ob dieses unterschiedliche Selbstverständnis Folge oder eine weitere Ursache für die hier erkennbare Entwicklung ist, ist letztlich unerheblich. Entscheidend ist, daß die Rahmenbedingungen für die **BMT** in den letzten Jahren schwieriger geworden sind, insbesondere:

● die Forschungsförderung;

● die Institutionalisierung;

● die langfristig angelegte F+E-Strategien;

● die Zusammenarbeitsmöglichkeiten mit industriellen und klinischen Partnern.

9.1 USA

In den USA ist das Selbstverständnis von **BME** als eigenständiges inge -
nieurwissenschaftliches Fachgebiet mit multidisziplinären Berührungen
am weitesten fortgeschritten: *"Biomedical engineering (BME) can be bro-
adly defined as the application of engineering concepts, methods, and tech-
niques to biology and medicine."* Dabei wird **BME** zunehmend als Teilgebiet
innerhalb eines umfassenderen Fachgebietes *Bioengineering* verstanden.
Bioengineering beinhaltet dabei alle Teildisziplinen, die durch die Anwendung ingenieurwissenschaftlicher Methoden auf lebende Systeme gekennzeichnet sind. Lebende Systeme können dabei von der einzelnen Zelle
über Gesamtorganismen (z.B. Mensch, Tier) bis zu komplexen Systemen
mit einem nahezu unbegrenzten Ausschnitt aus der Umwelt reichen.

Außer **BME** werden auch *Bioprocessing* (d.h. Biotechnologie) und *Envi-
ronmental Engineering* (d.h. Umwelttechnologie) zum *Bioengineering* gerechnet (wiederum wird "Engineering" durch "Technologie" nur
unvollständig wiedergegeben). Für diese drei Hauptvertreter von *Bioengineering* gibt es viele Gemeinsamkeiten, die über die Tatsache hinausreichen, daß sie sich alle mit den Besonderheiten lebender Systeme
beschäftigen und dazu erhebliche Wissensinhalte aus Biologie, Medizin,
Biochemie und Biophysik in die ingenieurwissenschaftlichen Grundlagen-
fächer integrieren müssen. Zu diesen Gemeinsamkeiten gehören vor allem
die Meßtechnik, die Systemanalyse und das "modelling", d.h. die Beschreibung solcher Systeme und ihres Verhaltens durch Modellbildung. Gerade
diesem Aspekt, der Unterstützung der Erforschung von Phänomen lebender Systeme durch Modellbildung und computerunterstützte Simulation
wird in USA ein hoher Stellenrang in der **BME**-Ausbildung eingeräumt.
"Modelling" ist dabei ein methodisches Hilfsmittel sowohl zur Planung der
Versuchsdurchführung als auch zur Interpretation der experimentellen
Daten. "Modelling" hat vielfach den Rang einer naturwissenschaftlich-ma-
thematisch formulierten Hypothesenbildung und -prüfung.

Bei diesem Selbstverständnis **BME** steht die Anwendung ingenieurwissenschaftlicher Methoden (auch die Entwicklung neuer methodischer Ansätze) im Vordergrund, nicht hingegen die Entwicklung neuer Geräte. Bei
dem in den USA immer wieder zu beobachtenden unkomplizierten Übergang von "scientific research" zu "applied research" ergeben sich praktisch
zwangsläufig viele interessante neue und im eigentlichen Sinn kreative Geräteentwicklungen. Im Vordergrund der wissenschaftlichen Ausbildung
steht jedoch die sorgfältige und wissenschaftlich begründete ingenieursmä-
ßige Auseinandersetzung mit den Besonderheiten der lebenden Materie
und der lebenden Systeme.

9.1.1 BME an den Universitäten

Im Zeitraum 1975 - 1986 hat sich die Zahl der Studenten im Studiengang **BME** absolut und verglichen mit allen anderen ingenieurwissenschaftlichen Studiengängen **ENG-All** wie folgt verändert (BS = Bachelor of Science, MS = Master of Science, PhD = Promotion):

	BS-ENG-All	BS-BME	% BS-ENG-All	Durchschnitt 75-86
1975	231 300	1 610	0.70%	
1986	369 520	3 627	0.98%	0.81%

	MS-ENG All	MS-BME	% MS-ENH-All	Durchschnitt 75-86
1975	26 004	341	1.31%	
1986	42 664	660	1.55%	1.61%

	PhD-ENG-All	PhD-BME	% PhD-ENG-All	Durchschnitt 75-86
1975	11 281	233	2.07%	
1986	24 227	423	1.75%	1.93%

Aus diesen Zahlenangaben (veröffentlicht in PILKINGTON et al. (1988): Status and Trends in Biomedical Engineering Education. IEEE Engineering in Medicine and Biology Magazine, 9 - 17) geht hervor:

1. Der prozentuale Anteil der **BME**-Studenten an allen ingenieurwissenschaftlichen Fachrichtungen zusammen ist im untersuchten Zeitraum deutlich angestiegen. Lediglich bei Promotionen gab es einen geringen Rückgang.

2. Je höher das Ausbildungsniveau, desto größer ist der prozentuale Anteil der **BME**-Studenten an der Gesamtzahl aller ingenieurwissenschaftlichen Fachrichtungen.

3. Die Zahl der PhD-**BME**-Promotionen liegt, bezogen auf die Bevölkerungzahlen in den USA und in der Bundesrepublik Deutschland, um ein Mehrfaches höher als in der Bundesrepublik Deutschland (in der Bundesrepublik Deutschland gibt es keinen Promotionsabschluß für **BMT**. Die Zahl der Promotionen mit deutlichem Bezug zum Fachgebiet liegt jedoch erheblich unter 110, wie sie sich annähernd aus dem Vergleich der Bevölkerungszahlen errechnen lassen

würde. Geschätzt wird, daß diese Zahl tatsächlich eher unter 20 Promotionen pro Jahr beträgt).

Insgesamt kann aus den angegebenen Zahlen die Schlußfolgerung gezogen werden, daß sich **BME** als Studienrichtung in den USA einer hohen und noch zunehmenden Beliebtheit erfreut. Es scheinen vor allem drei Gründe zu sein, die die steigende Attraktivität des Studienganges **BME** im Vergleich zu anderen ingenieurwissenschaftlichen Studiengängen erklärt:

1. Der Anreiz für jüngere Menschen, sich während des ingenieurwissenschaftlichen Studiums mit Themen zu beschäftigen, die über reines Ingenieur-Fachwissen hinausführen, ist zumindest in den USA offensichtlich sehr groß. Es ist zu vermuten, daß bei den jüngeren Menschen in der Bundesrepublik Deutschland dieses Interesse ebenfalls vorhanden ist, aber wegen des Fehlens geeigneter Ausbildungseinrichtungen (**BMT** bzw. **BME**) nicht verwirklicht werden kann. Im Zusammenhang mit den großen Problemen unserer Zeit, wie sie sich im Umgang mit der Natur, den Rohstoffen usw. zeigen, ist dieser Mangel zu bedauern. Vor dem Hintergrund eines fehlenden Angebotes an fachgebietsübergreifenden Ergänzungsfächern zum ingenieurwissenschaftlichen Studium in der Bundesrepublik Deutschland ist es müßig, dauernd nur darüber zu klagen, daß die so nur im Fachgebiet ausgebildeten Ingenieure in ihrem späteren, beruflichen Handeln manchmal das notwendige Verständnis für die Probleme im Umgang mit lebenden Systemen vermissen lassen.

2. Aus den USA wird auf Anfrage bestätigt, daß die an Gegenständen der **BME** und damit an Systemen hoher Komplexität ausgebildeten Studenten nach Abschluß ihres Studiums bei der Vergabe von Arbeitsplätzen offensichtlich sogar dann bevorzugt werden, wenn das fragliche Arbeitsgebiet keinerlei **BME**-Sachkenntnisse erfordert. Offensichtlich wird dabei die Wissenschaftlichkeit der Ausbildung höher bewertet als die Vermittlung spezifischer Fachkenntnisse.

3. Entsprechend der Eigenheit des Ausbildungssystems in den USA kann nach dem Abschluß der BS-Qualifikation eine Studienrichtung gewählt werden, die sich von der zunächst eingeschlagenen Studienrichtung unterscheiden kann. Viele Absolventen, die zunächst einen BS-**BME**-Grad erworben haben, wählen danach anscheinend das Medizinstudium. Auf einem Expertengespräch 1987 in Hannover zur Frage, ob den Medizinstudenten im Rahmen ihrer Ausbildung bestimmte Sachverhalte aus der Medizintechnik vermittelt werden sollten, bestand Einvernehmen auch unter den anwesenden Klinikern, daß eine solche Ausbildung sehr wün-

schenswert wäre. Offensichtlich berücksichtigt die Strukturierung der Medizinerausbildung in den USA diese Erfordernisse.

BME-Departments mit eigenem Studiengang sind zur Zeit an mehr als 30 Universitäten vorhanden. Die Zahl der "Full-staff-members" solcher Departments liegt im allgemeinen zwischen 6 - 15. Zusätzlich wirken jedoch Dozenten aus anderen Fachbereichen (Medizin, Physiologie, Ingenieurwissenschaften usw.) in der Ausbildung mit, wie umgekehrt auch "Full-staff-members" aus den BME-Departments Lehraufgaben in anderen Fachbereichen wahrnehmen. Damit ist eine weitgehende Integration der BME in die anderen Fachgebiete bei gleichzeitig voller Anerkennung erreicht worden. Der Promotionsabschluß mit dem einheitlichen PhD trägt zu dieser vollständigen Integration bei.

Die Universitäten versuchen, auf dem Gebiet der Lehre im Fachgebiet BME ein möglichst umfassendes Lehrangebot und nicht nur ergänzende Lehrveranstaltungen bereitzustellen. Sie sind damit zugleich in der Lage, ein vielfältiges Spektrum an Forschungsthemen aufzugreifen. Allerdings wird zumeist innerhalb dieses Spektrums der eine oder andere Forschungsschwerpunkt ganz bewußt gepflegt, wie die folgende Beispiele verdeutlichen:

- Duke-University (Durham): Monitoring Herz-Kreislauf

- Georgia Institute of Technology (Atlanta): Hämodynamik

- The University of Utah (Salt Lake City): Künstliches Herz, Sensorische Prothesen

- Case Western Reserve University (Cleveland): Sensoren, Biomechanik, funktionelle Stimulation

Auf Anfragen wurde immer wieder bestätigt, daß die vor allem für private Universitäten wichtige Einwerbung von Drittmitteln ("grants") von den BME-Departments besonders erfolgreich betrieben würde. Bemerkenswerterweise befinden sich unter den Drittmittelgebern auch deutsche Firmen bzw. amerikanische Töchter deutscher Firmen. Dieser Sachverhalt unterstreicht das Interesse der Industrie an einer Kooperation mit wissenschaftlichen Einrichtungen insbesondere im Bereich der Grundlagenforschung.

9.1.2 Wissenschaftliche Fachvertretung

Die Vertretung des Fachgebietes **BME** erfolgt durch die "Alliance for Engineering in Medicine and Biology", der zur Zeit etwa 20 verschiedene Gesellschaften und Organisationen angehören, darunter die "Biomedical Engineering Society", die "American Association for Medical Systems and Informatics", die "American Association of Physicists in Medicine", die "American Society for Artificial Organs" und die "American Society for Hospital Engineering of the American Hospital Association". Die wohl wichtigste Mitgliederorganisation ist das "Institute of Electrical and Electronics Engineers (IEEE)", wobei IEEE über eine eigene "Engineering in Medicine and Biology Society" verfügt. Die "Biomedical Engineering Society (BMES)" ist eine Fachgesellschaft, die aus der "Physiological Society" heraus entstanden ist und ihr wissenschaftliches Interesse bis heute vor allem auf dem Gebiet der angewandten Physiologie sieht. Es ist vornehmlich der BMES zu verdanken, daß es in den USA zu dem heutigen **BME**-Verständnis gekommen ist. Die BMES hat nur etwa 600 Mitglieder, versteht sich jedoch in vielfacher Weise als den wissenschaftlichen Schrittmacher.

Die Zahl der persönlichen Mitglieder, die von der "Alliance" über ihre Mitgliedsgesellschaften vertreten werden, wird auf etwa 50 000 geschätzt. Daraus leitet sich der relativ große Einfluß ab, den die "Alliance" sowohl im nationalen Bereich (Forschungspolitik, Forschungsförderung und dort gesetzte Prioritäten usw.) als auch in internationalen Organisationen (z.B. IFMBE) hat.

Ein Nachteil dieser Organisationsform ist die Schwerfälligkeit der Entscheidungsfindung. Zur Zeit wird daher sowohl über eine Auflösung der "Alliance" als auch über ein "Steering Committee" nachgedacht.

9.1.3 Forschungsförderung

Die Vielfalt der Forschungsförderungsorganisationen auf dem Gebiet der **BME** ist in den USA deutlich größer als in der Bundesrepublik Deutschland. Die größte Bedeutung besitzen die National Institutes of Health (NIH) mit dem Hauptsitz in Bethesda und die National Science Foundation (NSF) mit dem Sitz in Washington. Bemerkenswerterweise kommen aber auch erhebliche Fördermittel von den jeweiligen Staatsregierungen und anderen lokalen Behörden insbesondere für Projekte, die eine Nutzung im Sinne des Technologietransfers versprechen. Weitere Mittel werden von der Veterans Administration Organisation (vornehmlich für technische Hilfen für Behinderte) und Stiftungen der verschiedensten Art zur Verfügung gestellt. Schließlich werben die Universitäten und sonstigen Forschungseinrichtungen auch noch erhebliche Mittel von Firmen ein.

Hierbei sind Mischfinanzierungen in der Weise, daß mehrere Fördereinrichtungen zum selben Projekt beitragen, durchaus üblich.

Die NSF fördert vor allem solche **BME**-Projekte, bei denen die "Engineering"- und nicht die Krankheitskomponente im Vordergrund steht. NSF unterstützt Zentren (z.B. das **BME**-Zentrum "Center for Emerging Cardiovascular Technologies" an der privaten Duke-University in Durham), Gruppen und Einzelpersonen. Für Einzelvorhaben ist der Antragsumfang auf 15 - 20 Seiten begrenzt. Bei Ablehnung erhält der Antragsteller die anonymisierten Stellungnahmen der Gutachter. Durch die damit mögliche Überarbeitung der Anträge kann die Erstablehnungsquote von ca. 75% deutlich gesenkt werden. Die NSF ist in ihrer Förderpolitik in vielfacher Beziehung mit der DFG zu vergleichen.

NIH besteht derzeit aus 13 mehr oder weniger selbständigen Instituten. Ein weiteres Institut mit Ausrichtung auf **BME** ist in der Diskussion. Darüberhinaus werden **BME**-bezogene Projekte an verschiedene NIH-Instituten bearbeitet. Außerdem fördert NIH Projekte an Universitäten und großen Hospitälern (teilweise sogar grenzüberschreitend in internationaler Zusammenarbeit). Der Bezug zur Medizin (Grundlagenforschung, angewandte klinische Forschung, neue Methoden mit klinischer Relevanz) muß klar erkennbar sein, ansonsten wird "reaktiv" und nicht "direktiv" verfahren. NIH fördert die Einrichtung von technologie-orientierten Zentren (z.B. Hochleistungsrechner für die Medizin, Laser für die Medizin, spezielle Analysentechniken, computerunterstützte Simulation und Modellbildung), die als Dienstleistungseinrichtungen Gruppen anderer Universitäten ebenfalls zur Verfügung stehen. Die Gesamtzahl der im allgemeinen für einen Zeitraum von 3 - 5 Jahren mit der Möglichkeit der Verlängerung eingerichteten Zentren betrug 63 im Jahr 1988. Dieses Programm wurde 1988 mit 36,2 Millionen Dollar finanziert: *"The Biomedical Research Technology Program is designed to answer technological needs of the biomedical research community. Its grants enable scientific institutions to establish intramural centers for biomedical technology research, and they provide funds for advancing the state of the art in a wide variety of research tools."*

NIH fördert ferner gezielt Maßnahmen, die zur weiteren Verbreitung von Technologien in der Medizin beitragen. Mit einem Geräteprogramm, das 1988 mit 32,4 Millionen Dollar ausgestattet war, unterstützt NIH Forschergruppen bei der Gerätebeschaffung (*"... access to expensive state-of-the-art research equipment by groups of investigators who could not individually afford the instruments. It helps research institutions cope with rapid technological advances by meeting the cost acquiring expensive new research instruments or upgrading existing ones."*).

Auch NIH ermöglicht die Überarbeitung abgelehnter Anträge durch Zusendung der gutachterlichen Stellungnahmen in anonymisierter Form an die Antragsteller.

NIH ist vor allem als Förderinstitution in jenem Bereich tätig, der der klinischen Forschung von den Grundlagen bis zur Anwendung zuzurechnen ist. Hierbei arbeitet NIH auch mit ausländischen Einrichtungen (z.B. INSERM in Frankreich) zusammen. Eine entsprechende Fördereinrichtung fehlt in der Bundesrepublik Deutschland. Ein Teil der Aufgaben von NIH wird vom BMFT, ein anderer Teil von der DFG wahrgenommen (nach einer BMFT-Mitteilung vom Sept. 90 sollen der DFG vom BMFT 21,1 Millionen DM zur Verbesserung der klinischen Forschung zur Verfügung gestellt werden, allerdings ist bisher unklar, in welchem Umfang **BMT**-Aspekte hierbei Berücksichtigung finden werden).

9.1.4 Technologietransfer

Beeindruckend in den USA ist immer wieder, wie problemlos die Übertragung von Ergebnissen der Grundlagenforschung über unterschiedliche Zwischenstufen bis zur Realisierung als marktfähige Produkte möglich ist. Wer in der Bundesrepublik Deutschland die - trotz aller politischen Absichtserklärungen zum Thema Technologietransfer - restriktive Handhabung von Genehmigungen zur Zusammenarbeit zwischen Universitäten und industriellen Partnern erfahren hat, kann sich über den Erfolg des Technologietransfers in den USA kaum wundern.

BME ist in besonderer Weise für diese Art des Technologietransfers durch Zusammenarbeit zwischen universitären Einrichtungen und industriellen Partnern geeignet. Im Vordergrund steht dabei die Unterstützung zur praktischen Zusammenarbeit in allen möglichen Formen, einschließlich der Firmengründung aus den Universitäten heraus. An verschiedenen Orten sind auf diesem Weg richtige Technologieparks entstanden (Durham, Salt Lake City, Galveston) oder befinden sich in der Aufbauphase (Miami, San Antonio).

9.2 Kanada

Die Situation in Kanada ist in mehrfacher Hinsicht mit jener in den USA vergleichbar. Das gilt insbesondere für das Verständnis von **BME** als Anwendung ingenieurwissenschaftlicher Methoden auf lebende Systeme und die dabei auftretenden Probleme. Allerdings gibt es auch Unterschiede. In Kanada stellt "Clinical Engineering" einen wichtigen Schwerpunkt in Forschung und Lehre innerhalb von **BME** dar. Außerdem wird **BME** nicht als

eigene vollständige Studienrichtung angeboten, sondern nur als Aufbaustudium im "Graduate"-Studienabschnitt. Hierbei wird bereits ein Grund-
studium in einer Ingenieurwissenschaft, Naturwissenschaft, in Medizin
oder Zahnmedizin vorausgesetzt. Insgesamt werden **BME**-bezogene Lehrveranstaltungen an 27 Universitäten und Polytechnischen Einrichtungen
angeboten. Das Spektrum reicht von speziellen Lehrveranstaltungen als
Ergänzung zu den Hauptstudienfächern bis zu umfassenden **BME**-Haupt-
studiengängen. Nur etwa ein Drittel dieser Ausbildungsstätten bietet einen
qualifizierenden **BME**-Abschluß, bei anderen werden sehr spezielle Ab-
schlüsse wie M.Sc. Adapted Human Biodynamics erreicht.

An neun Hochschulen bzw. Universitäten ist die **BME** durch selbständige
Institute oder Departments vertreten. Die Einrichtung ging überwiegend
auf die Anregung seitens der medizinischen Fakultäten zurück, die damit
ihr Forschungs- und Entwicklungspotential erweiterten. Für die Ingenieurwissenschaften, denen die Studiengänge zuzurechnen sind, ergab sich
damit die Möglichkeit, das Lehr- und Unterrichtsangebot zu ergänzen.

Alle Ausbildungsstätten sind, allerdings mit unterschiedlichen Schwerpunkten und unterschiedlicher Intensität, in der Forschung aktiv. Die Zahl
der **BME**-Studenten und der abgeschlossenen Promotionen liegt, verglichen mit der Bundesrepublik Deutschland und bezogen auf die Bevölkerungszahlen, ebenfalls deutlich höher (allein an der McGill-University in
Montreal und an der University of Toronto zusammen soll die Zahl der
jährlichen **BME**-Promotionen bei etwa 40 liegen).

Die Koordination der Forschungsförderung sowie der Informationsaustausch werden vor allem durch den National Research Council wahrgenommen. Der NRC verfügt außerdem über eigene Forschungseinrichtungen, auch für den Bereich **BME**. Im Vordergrund stehen dabei
anwendungsnahe Entwicklungsprojekte sowie Fragen des Technologietransfers und der Zusammenarbeit mit industriellen Partnern. Die Ausgabe "Inventory of Projects in Bioengineering" für 1987 zählt folgende
Schwerpunkte und Projektangaben auf:
- Bioengineering   30 Projekte
- Biomedical Engineering   89 Projekte
- Clinical Engineering   21 Projekte
- Rehabilitation Engineering   48 Projekte

Weitere Einrichtungen der Forschungsförderung für **BME**-Projekte sind
der Natural Science and Engineering Research Council of Canada
(NSERC) und der Medical Research Council (MRC). In beiden Fällen
handelt es sich um reine Trägereinrichtungen ohne eigene Forschungsaktivitäten. Von der Aufgabenstellung her kann NSERC etwa mit NSF und

MRC mit NIH in den USA verglichen werden, d.h. NSERC fördert vor allem Projekte mit ingenieurwissenschaftlicher Zielsetzung, MRC hingegen solche mit klinischer Fragestellung. Beide Einrichtungen verfahren dabei weitgehend "reaktiv" unter Verzicht auf zu detaillierte Festlegung von Förderschwerpunkten. Die Erfolgskontrolle wird auf einen bürokratischen Mindestaufwand beschränkt, d.h. nur bei Fortsetzungsanträgen wird ein Bericht über das vorangegangene Projekt erwartet.

9.3 Großbritannien

Offensichtlich hat **BME** in Großbritannien in den letzten Jahren Wandlungen im Selbstverständnis durchgemacht, die für die Situation in der Bundesrepublik Deutschland besonders aufschlußreich sind, da es hier, wenn auch mit zeitlicher Verzögerung, Parallelen zu geben scheint. Bedingt durch mehrere Ursachen, unter denen die Forschungsförderung von maßgeblicher Bedeutung war, kam es zu einer Einschränkung der **BME**-bezogenen Grundlagenforschung und zu einer Entwicklung in Richtung auf das anwendungsausgerichtete "Clinical Engineering". Die Nachteile dieser Entwicklung wurden inzwischen erkannt, und als Folge wurde wieder eine verstärkte Hinwendung zum umfassenden Verständnis von **BME** mit eigenständiger Grundlagenforschung vollzogen. Typisch für diese Grundhaltung ist die Bereitschaft, neue Teilgebiete wie "genetic engineering", "pharmacokinetics", "drug engineering and delivery" usw. als Felder mit wesentlichen **BME**-Inhalten zu verstehen. Der derzeit erreichte Stand kann wohl mit "application of engineering principles to the provision of health care" am besten beschrieben werden.

Nachdem als Folge der Mittelkürzungen bestehende **BME**-Zentren eingeschränkt bzw. aufgelöst werden mußten (z.B. in Oxford), sind inzwischen neue Zentren entstanden (z.B. Newcastle - Stoke-on-Trent).

Die wichtigsten Zentren arbeiten eng mit medizinischen Einrichtungen zusammen, wobei zumeist eine Konzentration in der interdisziplinären Forschung auf ein Schwerpunktsgebiet vorhanden, jedoch eine Bearbeitung auch anderer Themen möglich ist. Beispiele dafür sind:

- Glasgow: Biomaterialien, technische Rehabilitationshilfen;

- Aberdeen: Bildgebende Systeme, Bildverarbeitung;

- Newcastle: Sensoren, Meßtechnik;

- London: Hämodynamik, Angiologie, Medizinische Informatik.

Die Zusammenarbeit mit den klinischen Einrichtungen, zu denen häufig mehrere gehören, ist nicht auf wissenschaftliche Projekte beschränkt, sondern schließt auch "clinical engineering" (eventuell sogar die Geräteinstandhaltung) und die Geräteentwicklung ein. Die Zusammenarbeit kann dabei bis in den Bereich der unmittelbaren Patientenversorgung hineinreichen. Die Zentren sind besonders aktiv in der Einwerbung von Drittmitteln, häufig in Kooperation mit Firmen ("Technologie-Transfer").

Das Lehrangebot von den Zentren ist weitgefächert. Lehrinhalte der Medizinischen Physik und der Medizinischen Informatik sind in die BME-Studiengänge integriert. Das Lehrangebot richtet sich überwiegend auf das postgraduale Studium und die Betreuung von Examensarbeiten.

Die Forschungsförderung, die zunächst überwiegend "direktiv" ausgerichtet war, soll in letzter Zeit wieder deutlich stärker "reaktiv" geworden sein. Die wichtigsten **BME**-Forschungsförderungseinrichtungen sind der Science and Engineering Research Council (SERC), der Medical Research Council sowie die Health Authorities. Der SERC fördert multidisziplinäre Aktivitäten in besonderer Weise und hat ein eigenes Komitee für **BME** eingerichtet. Im SERC-Bericht von 1987 sind 30 Projekte zum Themenbereich "Biomaterialien" und 38 Projekte zum Themenbereich "Molekulare Sensoren" aufgeführt, die gefördert wurden.

9.4 Frankreich

Die Vielfalt der Aktivitäten auf dem Gebiet der **BME** in Frankreich ist besonders eindrucksvoll und zugleich verwirrend. Vom Selbstverständnis her entspricht **BME** in Frankreich recht weitgehend dem deutschen Selbstverständnis von BMT, d.h. eine starke Ausrichtung auf Medizintechnik in klinischer Anwendung. Zugleich wird an den Universitäten jedoch eine vielseitige Grundlagenforschung mit weitgehend wissenschaftlicher Ausrichtung betrieben.

Die wichtigsten Einrichtungen für die Förderung und Durchführung von F + E-Projekten auf dem Gebiet der **BME** sind:

- das Ministerium für Forschung und Technologie (MRT);
- Institut National de la Santé et de la Recherche Médicale
- Centre National de la Recherche Scientifique (CNRS);
- Universitäten;
- Krankenhäuser und Hospitäler;

- Instituts Nationals des Sciences Appliquées (INSA);

- spezielle Forschungseinrichtungen;

- Pôles de Génie Biologique et Médicale (Pôle-GMB).

Das MRT nimmt zur Zeit auf dem **BME**-Gebiet nur eine koordinierende Funktion wahr. Geplant sind eigene Förderaktivitäten mit Schwerpunktsetzung.

INSERM, gegründet 1964, konzentriert sich auf medizinisch relevante Forschungsbereiche und kann insofern mit dem amerikanischen NIH verglichen werden, mit dem es kooperiert. Es ist organisatorisch in etwa 250 "Unités" gegliedert, die in ihrer Mehrheit mit Universitäten oder größeren Krankenhäusern in Verbindung stehen. Von den 250 "Unités" befassen sich etwa 76 mit **BME**, davon 33 schwerpunktsmäßig. Von den 4500 INSERM-Mitarbeitern arbeiten etwa 1900 in Wissenschaft und Forschung. Zusammen mit anderen Wissenschaftlern, die in den INSERM-"Unités" mitarbeiten bzw. die dort vorhandenen Einrichtungen benutzen, beträgt die Gesamtzahl der wissenschaftlichen Mitarbeiter ca. 8000. Die "Unités" sind nach Arbeitsgebieten eingerichtet und werden dementsprechend, d.h. ohne enge Zweckbindung der Fördermittel, finanziert. Die Anbindung von INSERM-"Unités" an die Universitäten erfolgt häufig über eine Personalunion, z.B. in der Weise, daß die Leitung der INSERM-"Unités" durch Universitätsprofessoren erfolgt.

CNRS ist ebenfalls in "Unités" organisiert, jedoch nur in geringem Umfang mit **BME**-Projekten befaßt. Dabei ist CNRS mehr auf die Grundlagenforschung ausgerichtet. Insofern ist CNRS etwa mit dem NSF in den USA zu vergleichen.

Obwohl es an keiner französischen Universität einen Lehrstuhl für **BME** gibt, gibt es an verschiedenen Universitäten, zumeist innerhalb der ingenieurwissenschaftlichen Fakultäten, institutsähnliche Einrichtungen. Die Leistungsfähigkeit dieser Einrichtungen auf wissenschaftlichem Gebiet ergibt sich in der Regel aus der Kopplung mit einer "Unité" von INSERM oder CNRS, durch die Finanzmittel für Personal (auch wissenschaftliche Mitarbeiter) und Geräte bereitgestellt werden. Die Grundfinanzierung kann durch Einwerbung projektgebundener Drittmittel, z.B. von Firmen, ergänzt werden. Dementsprechend groß ist die Zahl der **BME**-Promotionen pro Jahr, die mit etwa 50 angegeben wird.

Die Zusammenarbeit unterschiedlicher Einrichtungen in Frankreich ist besonders auffällig. So arbeiten viele größere Krankenhäuser und Hospitäler, oft ergänzt durch eigene INSERM- oder CNRS- "Unités", in vielfacher Weise mit den Universitäten zusammen. Das gilt sowohl für die Forschung als auch für die Ausbildung. Es scheint, daß sich diese Art der Zusammenarbeit besonders günstig in der klinischen Forschung auswirkt.

Bei den "Pôles-GMB" handelt es sich um besondere Formen der Zusammenarbeit zwischen regionalen Einrichtungen wie Universitäten, Krankenhäusern, wissenschaftlichen Schulen ("Écoles supérieurs"), "Unités" von INSERM oder CNRS, INSA, Handelskammern, Behörden, Firmen usw. Der "Pôle" selbst ist nur eine organisatorische Form zur Koordination, Kontaktvermittlung und Mittelverwaltung. Es werden alle Formen des Technologietransfers von der Machbarkeitsstudie bis zur Entwicklung eines marktfähigen Produktes unterstützt. Dabei besitzen die "Pôles" ein hohes Maß an Eigenständigkeit. So hat der "Pôle Rhône Alpes GBM (PRAGM)", dem ingesamt etwa 50 wissenschaftliche Einrichtungen der Universitäten Lyon, Grenoble und St. Étienne sowie andere Einrichtungen angehören, nicht nur ein übergreifendes Ausbildungsnetz entwickelt, sondern auch eine internationale Zusammenarbeit mit Baden-Württemberg, Katalonien und der Lombardei vereinbart. Auch ein weiterer "Pôle", das "Centre Régional D'Innovation et de Transfert en Technologie Biomédicale (BIO- CRITT)" hat durch den Zusammenschluß praktisch aller 12 Pariser Universitäten einen **BME**-Ausbildungsgang eingerichtet.

Frankreich verfolgt besonders auf dem **BME**-Gebiet europäische Zielsetzungen, z.B. im Rahmen des COMETT-Programmes (Commission des Communautés Européennes). So beabsichtigt PRAGM, sein modular aufgebautes Ausbildungssystem in ein internationales Netzwerk zu überführen. Mit der Verwirklichung der vom Ministerrat in Brüssel angeregten internationalen Promotion für **BME** hat PRAGM einen weiteren Schritt im europäischen Zusammenschluß getan.

Für die Qualität der wissenschaftlichen Ausbildung in Frankreich auf dem Gebiet der **BME** spricht, daß französische Bewerber den 1. und den 3. Platz im IEEE-Nachwuchswettbewerb 1989 errungen haben. Für viele französische Nachwuchswissenschaftler und sogar Studenten auf dem Gebiet der **BME** ist es selbstverständlich, einen längeren Auslandsaufenthalt, zumeist in den USA, zu verbringen. Französische Wissenschaftler sind im allgemeinen auf internationalen **BME**-Kongressen recht zahlreich vertreten. Zunehmend werden auch wichtige Konferenzen in Frankreich veranstaltet, so z.B. die CARDIO-STIM im zweijährigen Turnus in Nizza, die 1. European Conference on Biomedical Engineering 1991 in Nizza, die erste europäische Veranstaltung der IEEE-Engineering in Medicine and Biology Society wird 1992 in Paris stattfinden. In Frankreich werden jährliche **BME**-Veranstaltungen ausschließlich für Nachwuchswissenschaftler abgehalten.

In Frankreich gibt es offensichtlich (noch) ein Ungleichgewicht zwischen der Ausbildungskapazität und Leistungsfähigkeit der Universitäten auf dem wissenschaftlichen Gebiet der **BME** einerseits und der industriellen Umsetzung andererseits. Maßnahmen zum Technologietransfer stehen aus diesem Grund bei den Fördermaßnahmen der zentralen und regionalen Behörden mit an oberster Stelle. Der Ideenreichtum, der hierbei zu beobachten ist und jüngeren Wissenschaftlern eine interessante Zukunftsperspektive eröffnet, ist beachtlich.

9.5 Italien

Die Entwicklung der **BME** in Italien in den letzten Jahren wurde wesentlich bestimmt durch das Bemühen der Regierung, den Rückstand bei Aufwendungen für Forschung und Entwicklung (ausgedrückt in Prozenten des Bruttosozialproduktes), verglichen mit anderen Industrienationen, in naher Zukunft aufzuholen. Bei diesen Bemühungen wird **BME** offensichtlich mit hoher Priorität eingestuft. Aus diesem Grund sind vielfältige Aktivitäten entstanden, insbesondere

- eine verstärkte Förderung der wissenschaftlichen Forschung und Entwicklung an den wissenschaftlichen Einrichtungen;

- eine intensive Förderung der nationalen und internationalen Zusammenarbeit und des Erfahrungsaustausches.

Auch in Italien entspricht **BME** in mancher Beziehung dem deutschen Verständnis von **BMT**, jedoch finden sich in der Grundlagenforschung sowie in der internationalen Zusammenarbeit wesentliche Elemente, die dem amerikanischen Verständnis von **BME** zuzuordnen sind. Es scheint, daß viele Möglichkeiten der internationalen Zusammenarbeit (z.B. Austausch von Studenten und Wissenschaftlern) erst durch dieses weitergefaßte Verständnis ermöglicht werden.

Die wichtigsten Einrichtungen, die an der wissenschaftlichen Forschung und Entwicklung auf dem Fachgebiet beteiligt sind, sind:

- Istituto Superiore de Sanita;
- Consiglio Nazionale delle Ricerche (CNR);
- wissenschaftliche Hochschulen und Universitäten.

Das Istituto Superiore de Sanita ist eine Einrichtung, die vom Gesundheitsministerium finanziert wird und von den Aufgaben her etwa mit dem

NIH in den USA vergleichbar ist. Eine der 21 Abteilungen ist mit **BME** befaßt und besteht aus vier Unterabteilungen für:

- Biomaterialien
- Monitorsysteme
- bildgebende Systeme
- Technologien für Therapie und Rehabilitation.

Unter den 40 Mitarbeitern sind 10 Wissenschaftler. Zusätzlich zu Forschungsaufgaben werden folgende Aufgaben wahrgenommen:

● Beratung der Regierung sowie Ausarbeitung von Gutachten für die Regierung;

● Mitwirkung in Sicherheitsfragen auf dem Gebiet der Medizintechnik (z.B. bezüglich der Gerätezulassung).

Weitere im Hinblick auf die europäische Zusammenarbeit wichtige Aufgaben sind die Mitwirkung in europäischen Gremien (z.B. COMAC-BME) und daraus folgend die Koordination und Informationsvermittlung mit dem Ziel, italienischen Arbeitsgruppen eine Teilnahme an europäischen Projekten zu ermöglichen.

Der CNR wird nahezu ausschließlich von der Regierung (mehrere Ministerien) finanziert und ist auf angewandte Forschung und Entwicklung ausgerichtet. Er ist dezentralisiert strukturiert, wobei Zentren überwiegend in unmittelbarer Nachbarschaft von Hochschulen und Universitäten vorhanden sind. Die wissenschaftlichen Positionen bei CNR sind Lebenszeitpositionen, wobei die Verbindung zu den wissenschaftlichen Hochschulen häufig durch Personalunion erreicht wird (ähnlich wie bei INSERM in Frankreich, mit dem CNR auch in anderer Hinsicht recht gut vergleichbar ist). Auch die finanzielle Förderung ist, ähnlich wie bei INSERM, eher auf Fachgebiete als auf Projekte ausgerichtet. Sie wird weitgehend "reaktiv" gestaltet, die Effizienzkontrolle wird großzügig gehandhabt, um für Kreativität und freie Entscheidung der verantwortlichen Wissenschaftler den notwendigen Spielraum zu gewährleisten. CNR übernimmt zunehmend Aufgaben im Zusammenhang mit dem Technologie-Transfer.

Derzeit sind an etwa 10 Universitäten und Hochschulen **BME-Arbeits**gruppen vorhanden. Sie sind überwiegend aus den ingenieurwissenschaftlichen Disziplinen heraus enstanden und werden zunehmend institutionalisiert. Die zumeist kleinen Arbeitsgruppen haben sich jeweils auf ein oder mehrere Schwerpunktsthemen konzentriert, wobei durch die gegenseitige Abstimmung der verschiedenen Arbeitsgruppen eine recht gute Abdeckung fast aller aktueller **BME**-Teilgebiete erreicht wird. Die Zusammenarbeit mit der Medizin ist allgemein recht eng. Medizinische Physik wird mehr als Dienstleistungseinrichtung in Kliniken und weniger als eigenständiges Forschungsgebiet neben der **BME** gesehen.

Italien ist ebenfalls wie Frankreich auf internationalen Konferenzen und Kongressen zumeist mit einer größeren Teilnehmerzahl vertreten. Die Beschaffung von Reisestipendien soll im allgemeinen problemlos möglich sein. Außerdem wird in Italien wie in Frankreich die Durchführung von internationalen wissenschaftlichen Veranstaltungen im eigenen Land sehr unterstützt und als eine günstige Möglichkeit gesehen, Wissenschaftler aus dem eigenen Land ohne großen Kostenaufwand mit dem internationalen Stand von Wissenschaft und Forschung vertraut zu machen. In Italien werden hierbei, wie eine Auswertung von wissenschaftlichen Veranstaltungen zeigt, kleinere Veranstaltungen zu speziellen Themen (z.B. die sog. NATO-Konferenzen) bevorzugt.

9.6 Japan

Japan hat in den letzten Jahren auf vielen Gebieten der Medizintechnik eine führende Position am Weltmarkt errungen; typische Beispiele hierfür sind die Ultraschallgeräte, die Endoskope und die Mehrkanalanalysatoren für die Laboranalytik. Trotzdem kann festgestellt werden, daß das **BME**-Verständnis in Japan weitgehend jenem in den USA entspricht. Dies wird teilweise sogar durch eine Abgrenzung zwischen **BME** als wissenschaftlich orientierter und medizinischer Elektronik als anwendungsorientierter Fachrichtung hervorgehoben, wie sie im Namen der Fachgesellschaft "Japan Society of Medical Electronics and Biomedical Engineering (JSME & BE)" zum Ausdruck kommt.

Zu den bemerkenswerten japanischen Besonderheiten, die eine rasche Überführung von Erkenntnissen aus dem Bereich der Grundlagenforschung in marktfähige Produkte ermöglichen, gehört die enge Zusammenarbeit zwischen universitären und industriellen Partnern. Vergleicht man die Verhältnisse in vielen Ländern und insbesondere in Japan mit jenen in der Bundesrepublik Deutschland, so gewinnt man den Eindruck, daß die Notwendigkeit zur Organisation von Technologietransfer in der Bundesrepublik Deutschland nur deshalb besteht, weil damit ein hausgemachtes Problem gelöst werden muß. Viele japanische Firmen verfügen auf medizinischem Gebiet sogar über Einrichtungen, die größeren Krankenhäusern mit Forschungsmöglichkeiten entsprechen. Auf diese Weise kann die Phase der klinischen Erprobung und Evaluation ("premarket approval") sehr rasch durchlaufen werden.

Beeindruckend sind in Japan die Bemühungen, die erreichte Position am Weltmarkt nicht nur zu halten, sondern eher noch auszubauen. Dabei wird eine langfristige Strategie zugrundegelegt, die davon ausgeht, daß der Markt für medizin-technische Massenprodukte schon in absehbarer Zukunft durch Länder wie Südkorea, Singapur, Hongkong und Taiwan beherrscht werden dürfte (ähnliche Überlegungen sind auch aus den USA bekannt). Japan setzt dabei auf seine technologische Überlegenheit, seine wissenschaftliche Leistungsfähigkeit und seine Erfahrung in der Gestaltung nationaler Anstrengungen zur Lösung großer Probleme.

Ein herausragendes Beispiel für die langfristige Strategie ist HIMEX (Hokkaido International Medical and Industrial Complex City). Es ist geplant, diese inzwischen sogar von der Regierung in Tokio geförderte Kunststadt innerhalb von zwei 5-Jahresplänen zu errichten. Die vorgesehenen Forschungs- und Entwicklungseinrichtungen sollen so ausgestattet werden, daß damit international führende Fachleute angeworben werden können. Vorgesehen sind ein "High Technology Assessment and Transfer Center", ein "High Technology Medical Center" und ein "National Institute of Artificial Organs and Transplantation, Advanced Center for Medical Technology Development". Einen der thematischen Schwerpunkte wird die Entwicklung künstlicher Organe darstellen: *"It is necessary to develop high medical technology and its application in ways that will extend and improve the quality of life in cost effective manners. Current medical technology is not efficient, therefore making further assistance, substitution, development, extension of organ system treatments necessary. It is expected that dynamic break-throughs of great future impact be created around the developments and improvements in the fields of artificial organs, transplantation, development of high technology materials and engineering."*

Dieses Konzept stellt zweifellos derzeit die kühnste und umfassendste Antwort auf die zunehmende Abhängigkeit der modernen Hochleistungsmedizin vom technologischen Fortschritt dar. Aus der Tatsache, daß die Planungsverantwortlichkeit beim Hokkaido Committee for Economic Development liegt, wird ersichtlich, welche auch wirtschaftlich-ökonomischen Erwartungen damit verbunden werden.

Die Vielzahl der **BME**-Arbeitsgruppen in Japan, die überwiegend institutionalisiert sind, ist beeindruckend. In einer Liste "Active **BME** Facilities in Japan" (Ausgabe 1988) sind unter "Universities, Medical Schools, Technical Colleges and Hospitals" 192 Arbeitsgruppen aufgeführt. Weitere 84 Arbeitsgruppen sind unter "Research Institutes, Development Centers" aufgelistet. Nicht erwähnt in dieser Liste sind die zahlreichen **BME**-Arbeitsgruppen bei japanischen Firmen.

Die Beteiligung japanischer Wissenschaftler an internationalen wissenschaftlichen Veranstaltungen, insbesondere in den USA, ist sehr groß und, bezogen auf die jeweiligen Bevölkerungszahlen und verglichen mit der Bundesrepublik Deutschland, deutlich höher.

1991 findet in Kyoto der World Congress on Medical Physics and Biomedical Engineering (16th International Conference on Medical and Biological Engineering and 9th International Conference on Medical Physics) statt, veranstaltet vom Science Council of Japan, the Japan Society of Medical Electronics and Biomedical Engineering und The Japanese Association of Medical Physics. Die Organisatoren rechnen nach eigenen Angaben mit etwa 3000 Teilnehmern. Bezeichnend für die japanische Grundhaltung und langfristige Strategie ist das Hauptthema: "The Frontiers of Medicine and Health Care - Important Issues of the Next Millenium."

9.7 Andere Länder

Es gibt noch eine Reihe weiterer europäischer und außereuropäischer Länder, in denen **BME** als Zukunftstechnologie verstanden wird, z.B. Australien, Israel, Schweden, Dänemark, Niederlande, Belgien, Schweiz und Österreich. Es ist nicht möglich, auf alle Länder einzeln einzugehen. Daher mögen einige Hinweise genügen:

> **Schweiz:** Beim Institut für Biomedizinische Technik und Medizinische Informatik an der Universität Zürich und an der Eidgenössischen Technischen Hochschule Zürich handelt es sich um eines der größten Institute auf dem Fachgebiet im deutschsprachigen Raum. An Lehrveranstaltungen werden Wahl- und Vertiefungsfächer für Studenten der ingenieur- und naturwissenschaftlichen Studienrichtungen angeboten. An der Hochschule in Lausanne gibt es am "Institut de Physique Appliqué" ein "Laboratoire de Génie Médical" und an der Universität Bern ein Institut für Biomechanik. Arbeitsgruppen mit **BMT**-Aktivitäten finden sich an praktisch allen medizinischen Fakultäten. An der Universität Neuchâtel beschäftigt sich eine Arbeitsgruppe insbesondere mit der Technologie von Mikrosensoren auf Halbleiterbasis. Auf dem Fachhochschulbereich ist vor allem das Neu-Technikum in Buchs zu erwähnen.

> **Österreich:** Das neben dem Institut für Biomedizinische Technik und Medizinische Informatik in Zürich und dem Helmholtz-Institut für Biomedizinische Technik in Aachen wohl größte Institut für **BMT** im deutschsprachigen Raum besteht an der Technischen Universität Graz. Es ist ein umfangreiches **BMT**-Lehrangebot als Wahlfach-

gruppe innerhalb des Studienganges Elektrotechnik vorhanden. In
Graz gibt es außerdem an der medizinischen Fakultät der Karl-
Franzens-Universität mehrere Arbeitsgruppen mit **BMT**-Aktivitä-
ten. In Wien wurde ein Ordinariat für **BMT** eingerichtet, außerdem
sind dort an verschiedenen Einrichtungen mehrere Arbeitsgruppen
auf dem **BMT**-Gebiet aktiv. Weitere Gruppen mit bemerkenswerten Aktivitäten sind in Innsbruck, aber auch in Salzburg und Linz
zu finden. Österreich unternimmt zur Zeit deutliche Anstrengungen, die im Bereich der wissenschaftlichen Forschung vorhandenen
Kapazitäten für den Technologietransfer insbesondere in die mittelständische Industrie zu erschließen. Dabei wird offensichtlich
eine langfristig angelegte Strategie verfolgt.

10. BME IN DER EUROPÄISCHEN GEMEINSCHAFT

Die Bundesrepublik Deutschland hat mit vielen Staaten Forschungsabkommen geschlossen, vornehmlich auf bilateraler Basis. Im allgemeinen ist die **BMT** in solche Forschungsabkommen nicht in herausragender Weise eingebunden (als Schwerpunkte der bilateralen Projektzusammenarbeit werden im BMFT-Journal 4 (1988) von Bundesforschungsminister Dr. Riesenhuber genannt: Energie, Biotechnologie, Umweltforschung und Umwelttechnik, Klimaforschung, Gesundheit, Meeresforschung, Luft- und Weltraumforschung und Informationstechnik). Nur in wenigen Ausnahmefällen wird die **BMT** berücksichtigt. Nach dem verfügbaren Kenntnisstand handelt es insbesondere um die Forschungsabkommen mit den USA und Israel.

Im Zusammenhang mit dem Zusammenwachsen der Europäischen Gemeinschaft wurden EG-Forschungsprojekte gestartet, an denen sich alle Mitgliedsstaaten und zum Teil sogar Nichtmitgliedsstaaten beteiligen können.

Die fast allen EG-Forschungsprogrammen gemeinsamen Ziele sind:

● die Stärkung der technischen Leistungsfähigkeit Europas;

● die Schaffung harmonisierter Rahmenbedingungen für Forschung in den Mitgliedsstaaten, die Koordinierung nationaler Fördermaßnahmen und ihre Abstimmung mit der Gemeinschaft.

● die Intensivierung der Kooperation der Mitgliedsstaaten auf dem Gebiet der Forschung und Entwicklung, auch bezüglich der sich daraus ergebenden Produkte und Dienstleistungen sowie durch Schaffung gemeinsamer Standards und Normen;

Für Programme, an denen die Medizin beteiligt ist, kommen noch hinzu:

● Verbesserung des Gesundheitswesens;

● Erweiterung des Zuganges zum Gesundheitswesens unter Berücksichtigung geographischer und sozialer Gesichtspunkte;

● die Verbesserung der Kosten-Nutzen-Relationen und der effizienteren Ausnutzung der Ressourcen.

10.1 Das "Medical and Health Research Programme"

Von zunehmender Bedeutung für die Forschung und ihre finanzielle Förderung werden Programme im Rahmen der europäischen Gemeinschaft. Der Europäische Ministerrat hat 1974 gemeinsame Aktivitäten zur Förderung der Wissenschaft und Technologie in den Mitgliedstaaten beschlossen. In der Folge wurde eine Reihe unterschiedlicher Forschungsmaßnahmen und hierfür anzuwendender Entscheidungs- und Bewertungskriterien vorgeschlagen. Die Hauptziele, insbesondere jener Forschungsprogramme, die einen Bezug zur **BMT** haben, sind (aus: Medical and Health Research Programme, 1990, herausgegeben von der Kommission der Europäischen Gemeinschaft):

- "increase the *scientific efficiency* of the relevant research and development efforts in the Member States through their gradual coordination at Community level following the mobilization of the available research potential of national programmes, and also their *economic efficiency* through sharing of tasks and strengthening the joint use of available health research resources.

- *improve scientific and technical knowledge* in the research and development areas selected for their importance to all Member States, and promote its efficient transfer into practical applications, taking particular account of potential industrial and economic developments in the areas concerned.

- *optimize the capacity and economic efficiency of health care efforts* throughout the countries and regions of the Community."

Die in diesem "Medical and Health Research Programme" vorgesehene Form der Förderung ist jene der "Concerted Actions":

*"Funds are provided by the Community for relevant "concerted action" activities which consist of research collaboration and coordination in EC Member States and in other European participant countries. Networks of research institutes can be set up and supported by means of meetings, workshops, short-term staff exchanges/visits to other countries, information dissemination and so on; centralized facilities such as data banks, computing, and preparation and distribution of reference materials can also be funded. The funds are **not** direct research grants; the institutes concerned must fund the*

research activities carried out within their own countries - it is the international coordination activities which are eligible for Community support."

Das erste gemeinsame Programme für "Medical and Health Research" wurde 1978 gestartet und umfaßte 3 "Concerted Actions" mit insgesamt 100 nationalen Forschungseinrichtungen als Teilnehmer. Das Budget betrug für diese erste Projektphase von 1978 - 1981 lediglich 1,09 Mill. ECU (d.h. Millionen der europäischen Währungseinheit). In der noch laufenden vierten Projektphase (1987 - 1991) werden 170 "Concerted Actions" mit insgesamt ca. 3000 teilnehmenden nationalen Forschungseinrichtungen unterstützt. Das Budget wird mit 65,00 Mill. ECU ausgewiesen.

Die organisatorischen Strukturen, die an der Festlegung solcher Programme mitwirken, sind das "Scientific and Technical Research Committee (CREST)", das zu seiner Unterstützung gebildete "General Committee on Medical and Public Health Research (GC.CRM)" sowie die diesem zugeordneten 4 "Concerted Actions Committees (CO MACs)" bzw. 2 "Research Working Parties (RWPs)".

Die 4 "Targets" des Unterprogrammes "Major Health Problems" sind:

- Krebs (Cancer-RWP)
- AIDS (AIDS-RWP)
- Altersbezogene Gesundheitsforschung (COMAC-BIOL)
- Umwelt- und Lebensstil-bezogene Gesundheitsforschung (COMAC-EPID)

Die beiden "Targets" des Unterprogrammes "Health Resources" sind:

- Medical Technology Development (COMAC-BME)
- Health Services Research (COMAC-HSR)

Die personelle Besetzung des COMAC-BME mit Stand April 1990 verteilt sich auf die Mitgliedsstaaten wie folgt:

- Belgien   2 Vertreter
- Dänemark   2 "
- Deutschland   2 "
- Frankreich   3 "
- Griechenland   2 "
- Großbritannien   2 " (zusätzlich ein wissenschaft -
                              licher Beigeordneter)
- Irland   1 " (zusätzlich Vice-Chairman)

- Italien   3 "
- Niederlande   2 " (zusätzlich Chairman)
- Portugal   3 "
- Spanien   2 "

Dem COMAC-BME sind folgende Länder assoziiert:
- Finnland   2 Vertreter
- Schweden   1 "
- Schweiz   1 "
- Türkei   2 "

In der laufenden Projektphase werden folgende Projekte, die dem CO-MAC-BME zuzuordnen sind, gefördert:

- Assessment of the diagnostic performance of ECG computer programmes

- Objective medical decision making: Computer aided diagnosis of jaundice (EURICTERUS)

- Objective medical decision making: Acute abdominal pain

- HOME BP: Home versus office monitoring of blood pressure: a European multicentre study on high blood pressure

- Chemical sensors for in vivo monitoring

- New methods for perinatal surveillance

- Methodology for the analysis of the sleep-wakefullness continuum

- Forced Respiratory Oscillation Group

- Ocular fluorometry: standardization and instrumentation development

- Integrated Systems for Computer Assisted Management and Manipulation of Medical Images (ISCAMI)

- Quantitative assessment of osteoporosis

- System Engineering in Medicine: Evaluation Methodologies

- Positron Emission Tomography (P.E.T.) investigation of cellular regeneration and degeneration

- Electrical impedance tomography: Applied potential tomography

- Clinical applied analytical cytometry

- Automated cytogenetics

- Biomagnetism

- New technologies for communication in the hearing impaired

- EUROBIOMAT - Haemocompatibility

- Development of medical laser applications

- Technology and blindness

- Optimization of hyperthermia technology and the assessment of its clinical efficacy

- Skeletal implants

- Heart Assist and Replacement Technology (HEART)

- The evaluation of the efficacy of technology in the assessment and rehabilitation of brain-damaged patients

- Comparative evaluation of medical equipment

- Tissue characterization by Magnetic Resonance Spectroscopy (MRS) and Imaging (MRI)

- Mobility restoration for paralysed persons

- Monitoring of fracture healing

An diesen Projekten sind insgesamt 1227 Teilnehmer aktiv beteiligt, die sich wie folgt auf die wichtigsten Teilnehmerländer aufteilen:

-	Großbritannien:	199 Teilnehmer /	7 Projektleiter
-	Deutschland:	176 "	4 "
-	Frankreich:	144 "	2 "
-	Italien:	127 "	3 "
-	Niederlande:	127 "	5 "

1989 hat COMAC-BME für die nächste (5.) Projektphase ab 1991 folgende Empfehlung ausgesprochen:

Das Gesamtgebiet wird in folgende technologie-orientierte Themenbereiche ("priority areas") unterteilt:
- Bewertung von Leistung und Wirksamkeit
- Technologie für Alte und Behinderte
- Technologie für das Nervensystem und die Sinnesorgane
- Medizinische Informatik und Bildverarbeitung
- Biomaterialien und künstliche Organe
- Technologie für Diagnose und Therapie

Innerhalb dieses Themenrahmens sollen vier "Project Management Committees (PMC-COMACs)"
- Entwicklung und Bewertung von Technologie
- Epidemiologie
- Klinische Forschung
- Medizinische Grundlagenforschung

und drei "Target Subcommittees (TSC/PWP's)"
- Alters- und Behindertenforschung
- Neurobiologie
- Bessere Ausschöpfung der Gesundheitsressourcen

gebildet werden. Diese 4 PMC's und die 3 TSC's sollen wie bei einem Kreuzschienenverteiler angeordnet werden. Alle unterbreiteten Vorschläge ("declaration of intents") sollen nun jenem Schnittpunkt von PMC und TSC zugeordnet werden, dem sie am ehesten entsprechen. Für alle zu einem solchen Kreuzungspunkt eingehenden Vorschläge soll dann eine Bewertungsliste erstellt werden.

Die Festlegung basiert auf einer Delphi-Umfrage unter den Mitgliedern des COMAC-BME. In einer ersten Umfage sollten dabei zu ausgewiesenen Hauptthemen (z.B. Biomaterialien und künstliche Organe) jene Themen genannt werden, von denen in den nächsten 10 Jahren die größten Auswirkungen auf die Medizin erwartet werden. Die von den COMAC-BME-Mitgliedern gemachten 87 Aussagen wurden dann von denselben Befragten in einer zweiten Umfrage mit zwei Bewertungen versehen:

1. Bedeutung für Medizin und Gesundheitsversorgung
2. Bezug zur Biomedizinischen Technik

Die Problematik eines solchen Vorgehens wird dadurch verdeutlicht, daß das Thema mit der höchsten Bedeutung für Medizin und Gesundheit zugleich jenes ist, dem der geringste Bezug zur Biomedizinischen Technik zugewiesen wird. Im Gegensatz hierzu wird von dem COMAC-BME-Expertengremium allen Themen mit hohem Bezug zur Biomedizinischen Technik (z.B. die drei-dimensionale Bildrekonstruktion) nur eine mittlere Bedeutung für Medizin und Gesundheit zugebilligt.

Auch die Heterogenität der festgelegten Hauptthemen ist auffällig. Unter Technologie für das Nervensystem und die Sinnesorgane ("technology in neurosciences") werden sowohl Methoden zur Messung der Gehirndurchblutung als auch Computerarchitekturen auf der Basis neuronaler Netzwerke verstanden.

10.2 Weitere europäische Programme

AIM (Advanced Informatics in Medicine): Die Pilotphase dieses Projektes, die mit 20 Mill. ECU ausgestattet war, wurde im Juni 1990 erfolgreich abgeschlossen, d.h. es kann mit einer Fortsetzung dieses Programmes gerechnet werden. AIM ist schwerpunktsmäßig auf die Bereiche Informatik und Telekommunikation im Gesundheitswesen ausgerichtet und hat die Verbesserung der medizinischen Versorgung bei gleichzeitiger Reduzierung der Kostensteigerungen im Gesundheitswesen zum Ziel. Die Themenbereiche sind:

- Development of a Common Conceptual Framework for Cooperation in Medical Bio-Informatics;

- Medical Informatics Environment;

- Data Structures and Medical Records;

- Communication and Functional Integration;

- Biomedical Expert Support Systems; Biomedical Instrumentation, Research Tools and Rehabilitation Technology;

- Non-technological factors.

In der bevorstehenden Projektphase (1991 - 1994) sind folgende Unterprogramme dem Bereich "Health Care: Development of telematics systems in areas of general interest" zuzuordnen:

- Strategies for the use of technologies, telematics systems and services and contribution to the definition of common functional specifications;

- Development of telematics technology applied to medicine.

AIM ist eines der wenigen europäischen Forschungsprogramme, bei denen Projektkosten unmittelbar beantragt werden können.

Handynet: "its main purpose is to create a coherent and complete set of multilingual factual data banks and information services on all the different aspects of disability";

RACE (R & D Advanced Communication Technologies for Europe): "the overall goal is to make a major contribution towards the introduction of Integrated Broadband Communications";

Technology for the Integration of Disabled People in Europe: Der 1989 vorgelegte Programmentwurf ("The objective is to provide access to telecommunications services and information systems for disabled people") weist auf vorhandene Überschneidungen mit **Handynet, AIM** und **RACE** hin, zielt jedoch auf die marktnahe Entwicklung von technischen Hilfen für Behinderte. Für die erste, zweijährige Pilotphase werden 30 Mill. ECU gefordert.

Ein Programm, das weniger zur projektgebundenen Forschungsunterstützung gedacht ist, sondern mehr der Förderung der Zusammenarbeit zwischen Hochschulen und Wirtschaft im Bereich der Aus- und Weiterbildung auf dem Gebiet der Technologie dienen soll, ist *COMETT (Community Action Programme for Education and Training for Technology)*. Auch COMETT befindet sich seit 1990 bereits in der 2. Phase, die für die laufende Dreijahres-Periode mit ca. 82 Mill. ECU ausgestattet ist. Gefördert werden grenzüberschreitende Fort- und Weiterbildungsveranstaltungen. Unter den aufgeführten Technologiebereichen findet sich zwar **BME** nicht, kann jedoch über einige der benannten Technologiebereiche angehängt werden. Einige **BME**-bezogene COMETT-Programme wurden in der Vergangenheit bereits durchgeführt, wobei sich immer wissenschaftliche Hochschulen verschiedener EG-Mitgliedsstaaten zu einer thematisch festgelegten Veranstaltungsreihe zusammengeschlossen haben.

10.3 Schlußfolgerungen

EG-Forschungsprogramme ergänzen und verdrängen zunehmend nationale Förderprogramme. Sie sind daher bezüglich Zielsetzung, Chancengleichheit und Effizienz besonders kritisch zu betrachten.

1. Die Programmbeschreibung liegt im allgemeinen nur englischsprachig vor. Die dabei verwendete Fachsprache ist dem antragstellenden Wissenschaftler im allgemeinen völlig fremd. Die formalistische Programmbeschreibung ist für Wissenschaftler ohnehin nur schwer verständlich. Die Programmbeschreibung ist zumeist ausschweifend, wobei wichtige Informationen, belanglose Erklärungen und Zusatzinformationen nur schwer voneinander unterscheidbar sind. Die Projektunterlagen zu **AIM** in der abgelaufenen Phase betragen ziemlich genau 2 kg. Eine 1988 von der EG-Kommission herausgegebene Beschreibung eines "Model Contracts" umfaßt insgesamt 35 Seiten sowie einige Anlagen. Der Zeitaufwand, um sich anhand dieser Unterlagen zu informieren und eventuell eine Antragstellung vorzubereiten, überfordert den einzelnen Wissenschaftler.

2. Die meisten EG-Programme ergänzen sich nicht nur, sondern weisen sogar deutliche thematische Überschneidungen auf. Die Zuordnung eines beabsichtigten Projektes zu dem für die Antragstellung am meisten erfolgversprechenden Programm ist daher im allgemeinen nur möglich, wenn zunächst alle Möglichkeiten analysiert worden sind.

3. Da, von wenigen Ausnahmen abgesehen, keine Mittel für die direkte Projektförderung, sondern nur für die Zusammenarbeit gewährt werden, ist eine erfolgversprechende Antragstellung nur möglich, wenn auf dem jeweils ausgewiesenen Gebiet bereits Vorarbeiten geleistet worden sind. Das setzt jedoch voraus, daß die EG-Förderung besser als bisher auf die nationalen Forschungsschwerpunkte abgestimmt wird. Dies könnte dadurch erreicht werden, daß die nationale Projektförderung der EG-Förderung gewissermaßen vorauseilt. Allerdings würde damit das Element der "direktiven" Forschungsförderung eher betont werden. Eine andere, bisher nur unzureichend genutzte Möglichkeit wäre, über kommende EG-Programme früher und umfassender als bisher zu informieren (in einem Schreiben der DLR vom 10.12.90 zur Fortsetzung des **AIM**-Programmes heißt es: "Im Fall einer Verabschiedung ist dann jedoch von äußerst kurzen Ausschreibungsfristen auszugehen, die es erschweren, erfolgreich einen Antrag zu stellen").

4. Der Eindruck überwiegt, daß bei der EG-Forschungsförderung auf der Ebene der Realisierung der Bürokratismus deutlich überdimensioniert ist. Zur Steigerung der Effizienz wären Straffung, klarere Strukturen und einfachere formalistische Verfahren wünschenswert.

5. Unter den jetzigen Bedingungen erscheint es fraglich, ob kleine Forschungseinrichtungen bzw. -gruppen, wie sie für **BMT** typisch sind, überhaupt in der Lage sein werden, sich ohne Beratung und Hilfestellung an solchen Programmen zu beteiligen. Es ist ohne Zweifel eine in den Verantwortungsbereich der nationalen Behörden fallende Aufgabe, für angemessene und chancengleiche Voraussetzungen in den verschiedenen Ländern zu sorgen. Es spricht vieles dafür, daß diese Voraussetzung bisher zum Nachteil wissenschaftlicher Einrichtungen in der Bundesrepublik Deutschland zumindest auf dem Gebiet der **BMT** nicht erfüllt ist. Es gibt Länder, die ihre Vorbereitung auf die europäische Gemeinschaft in dieser Hinsicht ernsthafter betreiben.

11. ZUSAMMENFASSUNG UND EMPFEHLUNGEN

Die Ergebnisse dieser Untersuchung stützen in vielfacher Hinsicht jene Befürchtungen hinsichtlich des gegenwärtigen Standes und der zukünftigen Entwicklung des Fachgebietes **BMT**, die 1987 zu dem Beschluß der Mitgliederversammlung der **DGBMT** geführt haben. Nachfolgend sollen die wichtigsten Befunde und Schlußfolgerungen nochmals zusammengefaßt und durch Empfehlungen ergänzt werden. Alle Aussagen betreffen ausschließlich den nicht-industriellen Bereich. Im industriellen Bereich müssen Faktoren beachtet werden, die hier weitgehend unberücksichtigt geblieben sind. Aufgrund der vielfältigen Verflechtungen zwischen dem industriellen und dem nicht-industriellen Bereich wird die zukünftige Entwicklung des Fachgebietes **BMT** im nicht-industriellen Bereich allerdings auch zugleich starke Auswirkungen im industriellen Bereich haben. Als Stichworte seien dafür die berufliche Aus- und Weiterbildung der jüngeren Mitarbeiter, der Technologietransfer, die Zusammenarbeit in Forschung, Entwicklung und Evaluation sowie gemeinsame Interessen in Fragen wie Standardisierung, Normung, Gebrauchstauglichkeit usw. genannt.

1. Das Selbstverständnis der **BMT** in der Bundesrepublik Deutschland hat sich inzwischen erheblich vom Verständnis für **BME** in jenen Ländern mit der stärksten Entwicklungsdynamik auf dem Fachgebiet entfernt. Das gilt insbesondere für den Bereich der Grundlagenforschung und der weitergehenden Anwendung ingenieurwissenschaftlicher Methoden auf die Analyse und Beschreibung lebender Systeme. In dieser Auseinanderentwicklung liegt die Gefahr der wissenschaftlichen Abkopplung, die sich langfristig auch auf die Leistungsfähigkeit der deutschen medizin-technischen Industrie auswirken würde.

2. Die **BMT** ist bisher in der Bundesrepublik Deutschland nur an wenigen Stellen im Bereich der wissenschaftlichen Hochschulen institutionalisiert. Für die Medizin bedeutet das, daß in vielen Fällen ein fachkompetenter Partner, vor allem im Bereich der klinischen Forschung, fehlt. Eine weitere Folge für die Medizin ist, daß in der Ausbildung wesentliche **BMT**-Lehrinhalte, wie sie z.B. zur inhaltlichen Verwirklichung der Medizingeräteverordnung erforderlich wären, nicht vermittelt werden können. Für die Ausbildung der Ingenieurwissenschaftler wird die Möglichkeit nicht genutzt, ein über das reine Fachwissen hinausreichendes Problembewußtsein und -verständnis für lebende System zu vermitteln, was heute vor

dem Hintergrund vieler aktueller Probleme (z.B. Umweltproble-
me, arbeitsplatzgerechte Gestaltung technischer Einrichtungen)
dringend erforderlich wäre.

3. Die Stagnation in der Entwicklung des Fachgebietes, wie sie nach dem
   durch die KLASMEIER-Studie bewirkten vorübergehenden Aufschwung eingetreten ist, führte zu einer deutlichen Einbuße ar
   Attraktivität für jüngere qualifizierte Wissenschaftler. Die Zahlen
   der Absolventen und Dissertanten auf dem Fachgebiet liegen in
   fast allen Ländern mit vergleichbarer industrieller Struktur deutlich
   über den Zahlen in der Bundesrepublik Deutschland. Die derzeitige Situation ist gekennzeichnet durch:

   - keine ausreichende berufliche Perspektive im Hochschul-
     bereich;
   - zumeist nur kurzfristig über Projektförderung gesicherte
     Arbeitsplätze;
   - durch die Projektförderung bedingt ein starker Zwang zur
     Spezialisierung, wodurch ein späterer Wechsel zur Indu-
     strie erschwert wird;
   - kaum Möglichkeiten zur internationalen Kooperation und
     zum internationalen Erfahrungsaustausch (z.B. durch Stu-
     dienaufenthalte, Kongreßbesuche, Beteiligung an interna-
     tionalen Forschungsvorhaben).

4. Von wesentlicher Bedeutung für die Entwicklung eines Fachgebietes
   ist seine Berücksichtigung in der Forschungsförderung. Dies wird
   auch durch Bundesforschungsminister Dr. Riesenhuber unterstrichen, der im BMFT-Journal Nr. 2 vom April 1989 mit Blick auf die
   Biotechnologie ausführt: "Wissenschaftlich hat die Bundesrepublik
   Deutschland den Anschluß an die Spitzenforschung in der Welt
   wieder gefunden. Mit der Gesellschaft für Biologische Forschung
   mbH (GBF) in Braunschweig, den Genzentren in Berlin, Heidelberg, Köln und München und weiteren zentralen Schwerpunktpro-
   jekten haben sich nationale Knotenpunkte der modernen
   biologisch/biotechnischen Forschung gebildet. Die öffentliche Förderung hat dazu beigetragen, daß sich eine vielfältige und hervorragend qualifizierte Forschung aufgebaut hat." Im Gegensatz zur
   Biotechnologie hat die **BMT** in den letzten Jahren keine wesentlichen Impulse mehr durch die Forschungsförderung des BMFT
   erhalten. Weder die Grundlagenforschung noch die Verbundforschung oder die starke Betonung der "direktiven" Forschungsförderung mit einer verminderten Risikobereitschaft sind Elemente,

die in der derzeitigen Situation von der **BMT** genutzt werden können. Das Forschungsförderungssystem der DFG benachteiligt bereits mit dem Verfahren zur Wahl der Fachgutachter kleine, interdisziplinäre Fächer. Die Forschungsförderung der EG gibt kleinen Arbeitsgruppen, wie sie für die **BMT** typisch sind und die aus den verschiedenen aufgezeigten Gründen keine langfristigen Forschungskonzepte aufbauen können, kaum eine Chance. Unter dem Aspekt der derzeitigen Forschungsförderung muß die weitere Entwicklung der **BMT** als Fachgebiet sehr skeptisch beurteilt werden.

5. Die Entwicklung in den neuen Bundesländern erschwert die Situation. Durch die geänderten Voraussetzungen werden dort fachlich sehr qualifizierte Wissenschaftler freigesetzt, die bisher an Krankenhäusern und sonstigen Einrichtungen Funktionen ausgeübt haben, welche jetzt entfallen bzw. nach den bei uns geltenden Maßstäben der Wirtschaftlichkeit im Krankenhaus nicht erhalten werden können. Die Arbeitsplätze im industriellen Bereich, soweit sie überhaupt erhalten werden können, reichen zur Aufnahme nicht aus. Vor diesem Hintergrund dringend erforderlich wären neu zu schaffende Arbeitsplätze für innovative Produkte, d.h. für solche Produkte, die im bisherigen Spektrum der am Weltmarkt dominierenden Firmen noch nicht vorhanden sind. Derartige Innovationen können nur aus dem Bereich wissenschaftlicher Kreativität und ingenieurwissenschaftlicher Problemlösung kommen. Die Medizin als Nachfragepotential und die Technik als Angebotspotential bieten hierfür eine Fülle an Möglichkeiten. Erforderlich ist die konstruktive Verbindung durch die **BMT**.

6. Um die derzeitige Stagnation zu überwinden, müssen Lösungen gefunden werden, die folgende Zielvorstellungen berücksichtigen:

- der Anschluß an die internationale Entwicklung auf dem Gebiet **BME** muß wieder hergestellt und die Voraussetzung für eine erfolgreiche Zusammenarbeit innerhalb der Europäischen Gemeinschaft bis 1993 geschaffen werden;

- die **BMT** muß sowohl für jüngere Wissenschaftler als auch als Kooperationspartner für die medizin-technische Industrie so attraktiv gemacht werden, daß damit langfristig die Position der deutschen Industrie am Weltmarkt zumindest behauptet werden kann.

7. Wissenschaftliche Fachgebiete erreichen erst dann einen Zustand, der die Weiterentwicklung aus sich heraus (auch unter dem Gesichtspunkt der wissenschaftlichen Konkurrenz und dem damit verbundenen Zwang zur Leistungsoptimierung) gewährleistet, wenn sie in ausreichendem Maß institutionalisiert sind. Für die **BMT** kommt noch der besondere Aspekt hinzu, daß nur durch eine ausreichende Institutionalisierung mit der damit verbundenen Unabhängigkeit auch die Chance der effizienten Zusammenarbeit mit der Industrie gegeben ist. Selbst mittelgroße Firmen haben Forschungs- und Entwicklungsabteilungen, bei denen die Zahl der Mitarbeiter mit akademischem Abschluß durchaus vergleichbar ist mit der Zahl der entsprechenden Mitarbeiter an allen derzeitigen **BMT**-Hochschuleinrichtungen zusammen. Es besteht daher die Gefahr, daß die **BMT** im Hochschulbereich noch weiter an Bedeutung verlieren wird. Andererseits hat eine Umfrage ergeben, daß die befragten Firmen ihre Forschungs- und Entwicklungsaktivitäten ohne nennenswerte Drittmittelförderung durchführen. Es kann daher nicht erwartet werden, daß von diesen Firmen auch jene Grundlagenforschung betrieben wird, die

   - auch solche Gebiete abdeckt, die auf absehbare Zeit kein wirtschaftliches Nutzungspotential innerhalb des Interessensgebietes der Firma erkennen lassen;
   - in vollem Umfang und möglichst frühzeitig publiziert und somit allgemein verfügbar gemacht wird.

Es stellt unter diesen Umständen schon fast eine Notlösung dar, daß sich immer mehr Firmen der Medizin-Technik in besonderen Organisationsformen zusammenschließen, um gemeinsam Forschungsprojekte im prä-kompetitiven Bereich zu finanzieren (z.B. in Ulm). Hier übernehmen Firmen Kosten, die auf anderen Fachgebieten mit einer ausreichenden Institutionalisierung wissenschaftlicher Einrichtungen durch andere Kostenträger übernommen werden. Ein solches Modell, das die öffentlichen Kostenträger entlastet, darf lediglich ergänzenden Charakter, nicht aber eine für ein ganzes Fachgebiet entscheidende Bedeutung haben. Die weitergehende Institutionalisierung ist daher eine unverzichtbare Forderung zur Überwindung der Stagnation in der Entwicklung des Fachgebietes.

8. Für die Institutionalisierung der **BMT** im Hochschulbereich gibt es unterschiedliche Modelle:

a. integrierte Kleingruppen;
b. mittelgroße, selbständige Einheiten;
c. Zentren mit "kritischer" Masse.

Für die Realisierung sollten internationale Erfahrungen sowie nationale Gesichtspunkte wie Strukturierung des Bildungssystems, Erfordernisse im industriellen Bereich, Aufgaben und Gliederung im Gesundheitssystem berücksichtigt werden.

Zusätzlich zu diesen Einrichtungen ist an eine Institutionalisierung außerhalb des Hochschulbereiches, z.B. in Form einer Großforschungseinrichtung, zu denken.

9. Integrierte Kleingruppen: Ihre Einrichtung bietet sich vor allem dort an, wo innerhalb einer bestehenden Arbeitsgruppe eine interdisziplinäre Problemstellung mit ausreichendem **BMT**-Anteil vorliegt. Typische Beispiele hierfür sind die medizinisch- theoretischen Institute (z.B. Physiologie), aber auch klinische Abteilungen (z.B. Bildverarbeitung in der Medizin). An einzelnen Stellen gibt es solche Kleingruppen bereits, aber besonders im klinischen Bereich besteht ein erheblicher ungedeckter Bedarf. Integrierte Kleingruppen setzen Wissenschaftler mit hoher Qualifikation und der Fähigkeit zur selbständigen Problembearbeitung voraus. Allerdings ist bei solchen Kleingruppen die Gefahr der wissenschaftlichen Isolierung, manchmal auch der fachlichen Überspezialisierung, besonders groß. Nachteilig wirkt sich bei diesem Konzeptansatz die derzeit völlig unzureichende berufliche Perspektive (z.B. Fachpromotion, längerfristige Beschäftigung, wissenschaftliche Anerkennung innerhalb der Arbeitsgruppe, Möglichkeit der Weiterqualifikation) aus. Andererseits sind solche Kleingruppen in hohem Maß geeignet, als interdisziplinäre Vermittler zu dienen.

10. Mittelgroße, selbständige Einheiten: Dabei handelt es sich im Regelfall um Abteilungen oder Institute für **BMT**, die üblicherweise aus dem Leiter und einigen wissenschaftlichen Mitarbeitern bestehen. Die vorhandenen **BMT**-Institute entsprechen zumeist solchen mittelgroßen, selbständigen Einheiten. Ihre Selbständigkeit liegt vor allem im administrativen Bereich, während sie weder in der Lehre noch in der Forschung in ausreichendem Maß vorhanden ist. In der Forschung sind diese Einheiten weitgehend von der Einwerbung von Drittmitteln abhängig und müssen daher häufig auch solche Projekte aufgreifen, für die sie das notwendige "Start-Knowhow" noch gar nicht besitzen. Unter diesen Umständen ist der

längerfristig geplante Aufbau eines Wissenspools und damit einer Projektlinie nicht möglich. In der Lehre können nur ergänzende Lehrveranstaltungen ohne den Charakter eines eigenen Studienganges angeboten werden. Um solche Institute zu einer effizienteren Forschungsaktivität zu befähigen, muß zumindest wie bei anderen Instituten eine längerfristig gesicherte Grundfinanzierung vorhanden sein. Nur so kann die Bearbeitung eines Forschungsgebietes auch im Bereich der Grundlagenforschung mit Aussicht auf Erfolg in Angriff genommen werden. Über diese Aufgaben hinaus könnten solche mittelgroße, selbständige Einheiten in vielfacher Weise beratend und unterstützend tätig werden, z.B. durch Mitwirkung in der klinischen Forschung und Evaluierung.

11. Zentren mit "kritischer" Masse: Die im Ausland gemachte Erfahrung zeigt, daß eine ausreichende Leistungsfähigkeit in Forschung und Lehre erst dann erreicht wird, wenn bestimmte Mindestvoraussetzungen hinsichtlich der Fachkompetenz, der Grundfinanzierung, der Mitwirkung in der Grundlagenforschung und der Zahl bzw. Fachqualifikation der Mitarbeiter erfüllt sind ("kritische Masse"). Ein solches Zentrum mit "kritischer Masse" ist in der Lage, durch die Vielfalt der bearbeiteten Probleme und deren zeitliche Verzahnung Fachkompetenz auf breiter Basis zu gewinnen und zu erhalten. Als Folge davon kann ein gewisses Maß an Flexibilität und Projektunabhängigkeit erreicht werden, d.h. es können Vorleistungen erbracht werden, die als Basis für erfolgversprechendere und anspruchsvollere Antragsprojekte genutzt werden können. Ein solches Zentrum ist außerdem in der Lage, einen eigenen Studiengang zu gestalten und damit innerhalb der wissenschaftlichen Gesamteinrichtung das notwendige Maß an Anerkennung zu gewinnen (dies wird am Beispiel des Studienganges "Medizinische Informatik" in Heilbronn besonders deutlich). Verbunden mit der so gesteigerten Attraktivität für jüngere Wissenschaftler als breitgefächertes Arbeitsgebiet können die Qualifikationsanforderungen angehoben und zugleich aus den eigenen Studenten jene mit der höchsten Qualifikation ausgewählt werden. In der Bundesrepublik Deutschland hat zur Zeit lediglich das Helmholtz-Institut für Biomedizinische Technik in Aachen einen Stand, der etwa der kritischen Masse nahekommt. Vergleichbare Voraussetzungen sind im deutschsprachigen Raum an der Technischen Universität Graz (Österreich) sowie an der ETHZ bzw. Universität Zürich (Schweiz) vorhanden. Keine Aussage kann zur Zeit über die **BMT**-Fachgebietseinrichtung an der Technischen Hochschule Ilmenau gemacht werden. Von der Planung her könnte das im Aufbau befindliche Zentralinstitut für Biomedizinische Technik an der Universität

Ulm ebenfalls der kritischen Masse nahekommen. Stellt man zwischen der Bundesrepublik Deutschland (in den jetzigen Grenzen mit über 70 Mill. Einwohnern) und den USA einen Vergleich auf der Basis der Bevölkerungszahlen an und geht von den in den USA vorhandenen Zentren aus, so müßte für die Bundesrepublik ein Bedarf von ca. 6 - 7 derartiger Zentren angenommen werden. Diese Zentren sollten zugleich vielfältige Aufgaben in Lehre, Aus- und Fortbildung und in EG-Programmen wie **COMETT** übernehmen. Aus diesem Grund ist die Anbindung an eine wissenschaftliche Hochschule ("an"- oder "in"- Institut) ratsam. Ferner sollte eine sinnvolle Zusammenarbeit mit weiteren Einrichtungen (Großforschungseinrichtungen des Bundes, Max-Planck-Institute, Einrichtungen der Fraunhofer-Gesellschaft usw.) sowie mit der Industrie möglich sein. Besondere Bedeutung käme dabei dem Technologie-Transfer zu. Eine wichtige Rolle könnten solche Zentren im Rahmen der Technologie-Folgenabschätzung übernehmen, die für forschungspolitische Entscheidungen zunehmend die erforderlichen Entscheidungsgrundlagen darstellt.

12. Großforschungseinrichtung: Die Effizienz der projektgebundenen Forschungsförderung wird deutlich vermindert, wenn sie nicht durch eine projektungebundene, institutionalisierte Grundlagenforschung vorbereitet, abgesichert und begleitet wird. Die Notwendigkeit für eine solche Lösung ist umso dringlicher, je weniger die Grundlagenforschung auf dem Fachgebiet durch andere Einrichtungen wahrgenommen wird bzw. wahrgenommen werden kann. Selbstverständlich kann mit der Institutionalisierung einer Großforschungseinrichtung nicht das Gesamtgebiet der **BMT** (bzw. besser: der **BME**) abgedeckt werden, aber andererseits sollte auch keine zu enge Themeneingrenzung vorgenommen werden. Wünschenswert wäre die Einbeziehung mehrerer Themenbereiche, in denen Grundlagenforschung für das Gesamtgebiet von maßgeblicher Bedeutung ist, z.B. Sensoren, Biomaterialien, medizinische Informatik und biologische Systemanalyse. Es wird sich dabei in erster Linie um solche Gebiete handeln, auf denen in den nächsten Jahren erhebliche Aufwendungen für Forschung erforderlich sein werden, um den internationalen Anschluß nicht zu verlieren, ohne daß in der nahen Zukunft mit der Entwicklung marktfähiger Produkte gerechnet werden kann, die den Forschungsaufwand unmittelbar rechtfertigen oder gar decken.

13. Keines der hier diskutierten Modelle ist für sich allein ausreichend leistungsfähig, sondern es kommt auf die richtige Mischung und

Kombination an. Keines der Modelle ist in der Lage, den Verzicht auf ein anderes Modell vollständig zu kompensieren. Es ist allerdings offensichtlich, daß eine Institutionalisierung im Rahmen einer Großforschungseinrichtung um so dringender erforderlich ist, je weniger Zentren mit "kritischer" Masse im Hochschulbereich gebildet werden. Andererseits sind Zentren mit "kritischer" Masse am ehesten in der Lage, Aufgaben zu übernehmen, die bisher von den mittelgroßen, selbständigen Einheiten wahrgenommen werden.

14. Die derzeitige Situation im Fachgebiet **BMT** erfordert Entscheidungen, die weit in die Zukunft wirken und dabei in besonderem Maß als Vorbereitung auf ein Vereinigtes Europa im Sinne der Europäischen Gemeinschaft angesehen werden müssen. Das einzige Bundesland, das bisher auf Landesebene ein Konzept hat, das diese Voraussetzungen erfüllt, ist Baden-Württemberg. Die Anstrengungen dieses Bundeslandes können jedoch nicht für die gesamte Bundesrepublik Deutschland ausreichen. Es scheint dringend geboten, ein die Ländergrenzen überschreitendes Gesamtkonzept für die Bundesrepublik Deutschland zu entwickeln und zu verwirklichen, bevor der Prozeß der europäischen Einigung solche Lösungen überholt. Nur so kann vermieden werden, daß der jetzt schon bestehende Abstand zu den führenden Nationen noch größer wird, was früher oder später Auswirkungen auf die Industrie, ihre Produkte, ihre Leistungsfähigkeit am Weltmarkt und ihren Beitrag zur Qualität der Gesundheitsversorgung, aber letztlich auch über den Arbeitsmarkt auf den Wohlstand in diesem Land haben wird.

Diese Entscheidung sollte durch die für den Hochschulbereich zuständigen Länderministerien in einem abgestimmten Gesamtkonzept vorbereitet werden. In diese Planung sollten ferner die Wirtschaftsministerien, die Vertretungen der Großforschungseinrichtungen, der wissenschaftlichen und sonstigen Fachorganisationen wie DGBMT, VDE, VDI, ZVEI und F+O sowie natürlich das BMFT und die DFG einbezogen werden. Nur auf dieser Basis kann ein erfolgsversprechendes Konzept erarbeitet werden, das ein für die Zukunft wichtiges Fachgebiet in die Lage versetzt, den vielfältigen Anforderungen zu entsprechen.